石墨烯基负极材料的制备及性能研究

薛迎辉　著

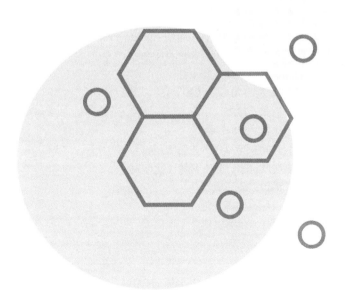

北方联合出版传媒（集团）股份有限公司
辽宁科学技术出版社

图书在版编目（CIP）数据

石墨烯基负极材料的制备及性能研究 / 薛迎辉著
. -- 沈阳 : 辽宁科学技术出版社 , 2024.3
ISBN 978-7-5591-3400-4

Ⅰ . ①石… Ⅱ . ①薛… Ⅲ . ①石墨烯—阴极—材料—研究 Ⅳ . ① TB383

中国国家版本馆 CIP 数据核字 (2024) 第 022196 号

出版发行：辽宁科学技术出版社
　　　　　（地址：沈阳市和平区十一纬路 25 号 邮编：110003）
印　刷　者：河北万卷印刷有限公司
经　销　者：各地新华书店
幅面尺寸：170 mm × 240 mm
印　　张：13.75
字　　数：200 千字
出版时间：2024 年 3 月第 1 版
印刷时间：2024 年 3 月第 1 次印刷
责任编辑：凌　敏
封面设计：优盛文化
版式设计：优盛文化
责任校对：刘翰林　于　芳

书　　号：ISBN 978-7-5591-3400-4
定　　价：88.00 元

联系电话：024-23284363
邮购热线：024-23284502
E-mail：lingmin19@163.com

前　言

　　本书在综述锂离子电池关键材料的研究现状和石墨烯基负极材料研究进展的基础上，开展了一系列石墨烯复合材料的合成及性能研究，探讨了构建石墨烯基纳米结构的方法。全书主张从结构设计入手解决转换反应和合金化反应负极材料的体积膨胀和导电性差等问题，通过电极材料与石墨烯之间的协同效应实现较好的循环性能和倍率性能。本书具体研究内容：通过水热法使石墨烯泡沫（graphene foam, GF）表面原位生长交联的 MnO_2 纳米片（MnO_2 nanoflakes, MnO_2 NFS）通过超临界流体 CO_2 辅助法在 GF 表面负载 Fe_3O_4 纳米粒子，得到了 Fe_3O_4@GF 复合物；通过超临界流体 CO_2 辅助法，使 GF 负载 SiO_2 得到了 SiO_2@GF 复合物，通过镁热还原法得到了 Si NPS@GF 复合物，通过 CVD 法在 Si 纳米粒子表面原位生长石墨烯得到了 GE-Si 复合物；通过磷化 GF 负载的前驱体得到了 MoP@GF 复合物。本书对从事锂离子电池研究、石墨烯应用研究的研究生、科研工作者和锂离子电池从业人员来说，具有很好的借鉴作用。

　　由于时间关系，书中难免存在错误之处，敬请国内外同行多加指正。

目　录

1 锂离子电池关键材料的研究现状及石墨烯基负极材料的研究进展

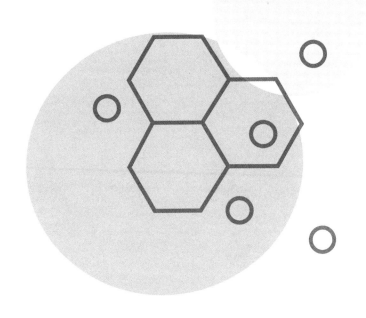

1.1 引言

能源是现代社会的基石，随着社会的不断进步与发展，人们对能源的需求量日益增加。在当前中国的能源结构中，占据主要地位的依旧是煤、石油和天然气等化石能源。其中石油主要依赖进口，2023 年上半年中国石油消费的对外依存度达到了 72.8%，严重的对外依存会威胁到中国能源的安全。对作为一次能源的化石能源的大量消耗迟早会导致能源枯竭的问题。更为严重的是，化石能源在开采、提炼和使用的过程中不可避免地会造成环境污染。近几年，中国屡屡出现严重的雾霾天气，严重威胁着人们的健康，而雾霾的主要组成物如二氧化硫、氮氧化物和 $PM_{2.5}$ 等就来源于化石能源的燃烧产物。为了保护生存环境，实现可持续发展，人们必须发展并利用无污染、可再生能源，如风能、太阳能、地热能、潮汐能等。但是这些可再生能源或受地域限制，或受天气影响不能连续收集，因而在实际应用中必须对不同能源形式进行统一的转换和储存，只有发展相应配套的能源转换设施才能将新型能源更好地引入生活。与其他储能方式相比，二次电池具有无污染、循环效率高、环境依赖性小、应用范围广等特点，能够满足不同层次和规模的储能需求，是整合可再生能源的理想手段。二次电池不仅是可再生能源系统中的核心组成部分，还广泛应用于各类便携移动设备，是发展新能源电动交通设备的关键技术。因此开发具有更高能量密度、更高功率密度和更长使用寿命的二次电池是我们迫切需要研究的课题。

图 1-1 列举了几种主流二次电池的能量密度[1]。由图 1-1 可知，锂离子电池明显具有更高的体积能量密度和质量能量密度。此外，与铅酸电池、镍氢电池等二次电池相比，锂离子电池还具有工作温度范围宽、循环稳定性好、自放电率低、放电平稳、无记忆效应和污染小等优异的特点[2-4]，因此得以迅速发展，成为便携式电子设备电池的首选，并且逐步在动力能源

领域得到广泛应用。

近年来，汽车尾气排放造成的空气污染日益严重，燃油供求矛盾也日益突出，这使得各国将发展清洁无污染的新能源汽车作为重要的战略决策。中国新能源汽车经过二十几年的发展，已基本具备了产业化发展基础，电池、电机、电子控制和系统集成等关键技术也取得了重大进步。但是从总体上看，我国新能源汽车部分核心关键技术尚未突破，产品成本高，与国际先进水平相比还有一定的差距。作为新能源汽车的核心，动力电池的性能直接影响了新能源汽车的性能。调查显示，消费者对于新能源汽车的顾虑主要体现在电池使用寿命短、续航里程短和充电时间长等方面。因此，开发高能量密度、高倍率性能、长循环寿命的锂离子电池已迫在眉睫。

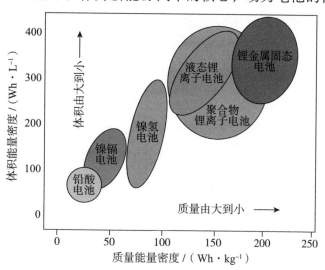

图 1-1　二次电池能量密度比较

1.2　锂离子电池简介

锂是元素周期表中最轻的金属，有最小的摩尔质量（M=6.94 g/mol），最小的密度（ρ=0.53 g/cm³），锂还有最低的标准电极电势（−3.04 V）和最小的电化学当量（0.26 g/Ah），因此将其用于电池负极时可以获得较高的输出电压和比能量，这引起了电化学研究者的广泛关注。锂电池的研究始于 20 世纪 50 年代，到 20 世纪 70 年代，以金属锂为负极的一次锂电池已广泛应用于手表、计算器和可植入医疗器械。与此同时，研究发现许多无机化合物可以与金属锂进行可逆反应，这些化合物后来被定义为插层化合物，在高能二次锂电池的发展中起到了重要的作用。1970 年，埃克森石油公司的惠廷厄姆（Whittingham）以二硫化钛为正极，以金属锂为负极制造出首个锂电池原型，它依靠锂离子在正负极之间的运动形成电流，完成充放电过程。但是，在充放电过程中金属锂表面会形成锂枝晶，导致隔膜穿孔，从而引发微短路，使电池燃烧，甚至发生爆炸，造成安全事故，所以其后锂电池的研发基本处于停滞状态。但是，人们对金属锂电极的研究一直都在进行，未来有可能通过表面修饰来避免锂枝晶的形成，使锂电池能够更加安全 [5]。

1990 年，索尼公司首先以嵌锂碳质材料代替金属锂作为负极材料，成功避免了负极表面锂枝晶的形成。这是真正意义上的锂离子电池，它的输出电压可达 3.6 V（碱性电池的 3 倍），质量能量密度为 78 Wh/kg（镍镉电池的 2 ～ 3 倍），循环寿命可达 1 200 次，它于 1991 年就迅速实现了商品化。在锂离子电池中，锂是以锂离子的形式存在的，这解决了锂枝晶的问题，锂离子电池本质上比金属锂电池更安全，而且有更长的循环寿命。安全性的提高和循环寿命的改善使锂离子二次电池在世界范围内引发了广泛的关注，形成了全球性的研发热潮，这进一步促进了其商业化发展。锂离子电池不仅具有锂一次电池的优点，还具有安全性能好、单电池输出电压高、能量密度高、循环寿命长、环境友好等优良特性，从而迅速成为便携式电子产品可充电式电源的主要选择对象。近年来锂离子电池的市场份额也在逐渐增加（图 1–2）。为了满足不断增长的应用需求，锂离子电池正在向大型化和微型化两个方向发展，大型化的应用主要集中在航空航天、智能电网和电动汽车上，微型化的应用主要集中在微型低能耗电子设备及微机电系统上。

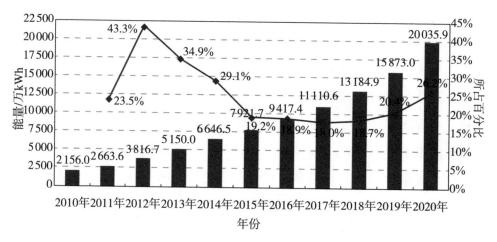

图 1-2　2010—2020 年全球锂离子电池市场规模

（数据来源：真锂研究、中国电池网）

虽然目前商业化的锂离子电池能量密度已经达到 200 ~ 250 Wh/kg，但是由于受到传统正负极材料的理论比容量的限制，想要进一步提高其能量密度已十分困难。为了抢占未来高精尖科技产业及电动汽车等领域的制高点，人们必须不断探索具有更高理论比容量的正负极材料。

1.3　锂离子电池工作原理

一般来说，锂离子电池的主要组成部分包括正极材料、电解液、负极材料和隔膜，其中正负极材料是锂离子电池的核心部分，通常选取可供锂离子可逆嵌入和脱出的材料。目前在已商业化的电池中，正极材料通常是 $LiCoO_2$、$LiMn_2O_4$ 等含锂过渡金属氧化物或 $LiFePO_4$ 等聚阴离子型化合物，负极材料通常采用石墨。电解液的主要作用在于提供锂离子传输的载体，它通常是锂盐（LiPF$_6$、LiClO$_4$ 等）溶解在一种或几种有机溶剂 [如碳酸乙烯酯（ethylene carbonate, EC）、碳酸二甲酯（dimethyl carbonate, DMC）、碳酸甲乙酯（ethyl methyl carbonate, EMC）等] 中形成的一定浓度的溶液，具有较高的锂离子传导率。在充放电过程中，锂离子电池通过锂离子在正负极之间的嵌入和脱出，实现能量的储存和释放，因此也被称为"摇椅电池"。而本质上，锂离子电池是一种锂离子浓差电池[6]，利用正负极之间锂离子的浓度差异形成电势差。在充电过程中，锂离子从正极脱出，经过电解液嵌入负极材料中，此时正极处于贫锂状态，负极处于富锂状态，而外电路中则有与锂离子数量相等的电子补偿负极以确保电荷平衡。放电过程则与之相反，锂离子从负极脱出经电解液回到正极。以商业化电池中常用的 LiCoO$_2$– 石墨为例，锂离子电池工作原理如图 1–3 所示[7]。

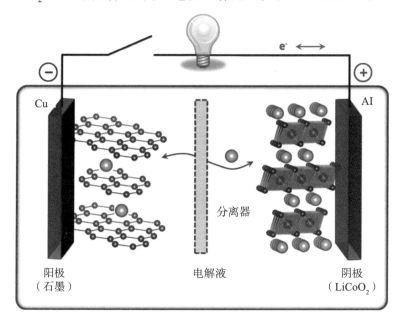

图 1–3 锂离子电池工作原理

仍以 LiCoO$_2$– 石墨为例，锂离子电池的化学表达式为

$$（-）C_n \left| LiPF_6 - EC + DMC \right| LiCoO_2（+）$$

正极反应式为

$$\text{LiCoO}_2 \xrightarrow[\text{放电}]{\text{充电}} \text{Li}_{1-x}\text{CoO}_2 + x\text{Li}^+ + xe^- \tag{1-1}$$

负极反应式为

$$n\text{C} + x\text{Li}^+ + xe^- \xrightarrow[\text{放电}]{\text{充电}} \text{Li}_x\text{C}_n \tag{1-2}$$

总反应为

$$\text{LiCoO}_2 + n\text{C} \xrightarrow[\text{放电}]{\text{充电}} \text{Li}_{1-x}\text{CoO}_2 + \text{Li}_x\text{C}_n \tag{1-3}$$

在现有的 LiCoO_2- 石墨体系中，锂离子可在正负极之间可逆地嵌入和脱出，不会影响材料整体的晶格结构，这种机理使锂离子电池可以具有很好的循环寿命。但是，在这个体系中，锂离子的存储位点有限，导致电池容量相对较低。为了提高电池容量，人们一直对高比容量电极材料进行不断探索，并取得了一些成果，下一节将详细介绍。

1.4　锂离子电池关键材料的研究进展

根据电极材料理论比容量（C）的定义，其计算公式为[8]

$$C = \frac{q}{m} = \frac{nF}{3.6M} \tag{1-4}$$

式中：m 为活性物质完全反应的质量，q 为活性物质转移的电荷，n 为每摩尔活性物质完全反应转移的电子数，F 为法拉第常数，M 为活性物质的摩尔质量。由式（1-4）可以看出，要想获得更高的理论比容量，锂离子电池的电极材料必须具备以下至少一个条件：

（1）电极材料的摩尔质量 M 应尽可能小，以获得较高的单位质量比容量；

（2）每摩尔电极材料转移电子数 n 应尽可能大，这可使理论比容量成倍增加。

此外，为了获得较高的能量密度，锂离子电池应该具有较高的输出电压，即正负极之间应有较大的电势差。下面将详细介绍正极材料、负极材料的研究进展。

1.4.1 正极材料的研究进展

在锂离子电池充放电过程中，正极材料不但提供锂源，还作为电极材料参与电化学反应。理想的锂离子电池正极材料应具有以下优点：

（1）电极反应的吉布斯自由能变化较大，以提供较高的输出电压；

（2）材料有较小的摩尔质量，且允许较多的锂离子可逆地脱嵌，以获得较高的理论比容量；

（3）材料有稳定的主体结构，锂离子的嵌入和脱出不能使其有过大的变化，以确保良好的循环稳定性；

（4）材料具有较高的锂离子传导率和导电率，可在较高倍率下充放电，具有较高的功率密度；

（5）在电池的电压窗口内，材料有较好的化学稳定性，不与电解液发生反应等。

锂离子电池正极材料按照物质类别可以分为有机材料和无机材料两大类。有机材料即聚合物正极材料，如导电聚合物电极材料，包括聚噻吩（polythiophene）、聚苯胺（polyaniline）、聚乙炔（polyacetylene）等。有机电极材料普遍存在导电性差、在电解液中易溶解以及可逆性差等缺点，目前研究进展有限。无机电极材料则主要包括过渡金属氧化物正极材料（如 $LiCoO_2$、$LiMn_2O_4$ 等）、聚阴离子型化合物正极材料（晶体结构中有四面体或八面体阴离子结构单元，如 $LiFePO_4$、Li_2FeSiO_4 等）和转换反应正极材料（通常可实现多个电子的转移，如 FeF_3、$CuCl_2$ 等）。

1.4.1.1 过渡金属氧化物正极材料

过渡金属氧化物正极材料中最具代表性的就是 $LiCoO_2$，它是商业化应用最为成功的锂离子电池正极材料，至今仍在锂离子电池的市场中占有一席之地，尤其是在移动电子设备中。$LiCoO_2$ 作为锂离子电池的正极材料，最早是由约翰·班宁斯特·古迪纳夫（John B. Goodenough）教授发现的 [9]，它具有 α–$NaFeO_2$ 型二维层状结构，可为锂离子的迁移提供二维通道。理论上 $LiCoO_2$ 能够脱嵌 1 个锂离子，理论比容量可达 274 mAh/g，但是在实际应用中其比容量只能达到理论比容量的一半，即只能实现 0.5 个锂离子的可逆脱嵌。这是因为当脱锂量大于 0.5 个时，$LiCoO_2$ 的晶体结构会发生不可逆相变，变得不稳定，甚至会分解释放氧气，引发电池爆炸，造成安全问题。在脱锂量小于 0.5 个时，$LiCoO_2$ 的结构相对稳定，具有良好的可逆性。因此其商品化锂离子电池只能在安全电压范围内获得有限比容量。此外，$LiCoO_2$ 中的 Co 资源相对稀缺，价格较高，不适用于电动汽车及其他大型储能设备。

有了 $LiCoO_2$ 的成功案例，人们又从相近的过渡金属元素中发掘了更多的电极材料，如 $LiNiO_2$ 和 $LiMnO_2$，希望它们能代替 $LiCoO_2$[10]。二者在理论比容量上与 $LiCoO_2$ 不相上下，但在实际应用中也存在一些问题。$LiNiO_2$ 在合成过程中会产生 Ni^{2+}，其半径与锂离子相近，会造成离子混排，堵塞锂离子传输通道，影响电池性能 [11]。$LiMnO_2$ 中的 Mn^{3+} 存在姜 – 泰勒效应，它在充放电过程中易发生结构畸变，形成尖晶石相，造成容量的迅速衰减。

针对单一过渡金属氧化物的缺陷，综合 $LiCoO_2$、$LiNiO_2$ 和 $LiMnO_2$ 三种正极材料的优点，研究者通过控制不同过渡金属元素的比例，合成了三元固溶体材料 $LiNi_xCo_yMn_{1-x-y}O_2$。三元材料中 Co 的作用是稳定材料结构，这有利于锂离子的传导和导电性的提高。Ni 的引入能够增加放电深度，提高材料比容量。Mn^{4+} 是惰性的，但是能够保持材料的层状骨架，提高材料的安全性和稳定性。三元材料中不同组分之间存在良好的协同效应，以获得较好的性能，它是一种十分有前景的正极材料。

1.4.1.2 聚阴离子型化合物正极材料

聚阴离子型化合物是一类具有八面体或四面体阴离子结构单元（XO_4）$^{n-}$的化合物，其中 X 可以为 P、S、Si 等元素。这类化合物不仅具有稳定的三维框架结构，锂离子的可逆脱嵌数量与理论值十分接近，还有灵活可控的充放电电压。最具代表性的聚阴离子型化合物是 $LiFePO_4$，它具有橄榄石型晶体结构，属正交晶系 [12]。$LiFePO_4$ 的充放电平台在 3.4 V，锂离子的嵌入和脱出在 $LiFePO_4$ 和 $FePO_4$ 两相之间进行，结构重排很小。$LiFePO_4$的缺点在于锂离子扩散系数和电子电导率太低，这导致其理论比容量无法完全释放，且高倍率性能不佳。采用减小材料粒径、包覆碳材料等方法可以有效提高其导电性，改善材料的充放电性能。

硅酸盐类聚阴离子型化合物如 Li_2FeSiO_4 具有成本低廉、热稳定性好等优点，其结构中含有 2 个锂离子，最高理论比容量超过 330 mAh/g。理论计算表明 Li_2FeSiO_4 的首个脱锂电位在 3.2 V，而它要脱出第 2 个锂离子需要 4.8 V 的电位，二者之间的电位差较大，因而研究者认为 Li_2FeSiO_4 无法实现超过 1 个锂离子的可逆脱嵌。但是，后续的研究表明 Li_2FeSiO_4 的比容量可达 220 mAh/g，穆斯堡尔谱也表明该材料在 4.0 V 以上时发生了Fe^{3+} 到 Fe^{4+} 的转化，证明其确实可以实现 1 个以上锂离子的可逆脱嵌，有望成为下一代高比容量正极材料。

1.4.1.3 转换反应正极材料

转换反应正极材料符合通式 M_nX_m，其中 M 为过渡金属如 Fe、Mn、Mo 等，X 则为 F、Cl、O、S 等。这类材料在进行电化学氧化还原反应时结构会发生显著变化，具体表现为放电过程中金属化合物在锂离子作用下转化为金属单质和相应的锂的化合物，充电过程中锂的化合物分解，金属单质被氧化，重新生成金属化合物。转换反应正极材料最大的特点是可以实现多个电子的转化反应，反应不受材料结构限制，因而理论比容量很高。常见的转换反应正极材料有氟化物（如 FeF_3、CuF_2 等）、氯化物（如 $FeCl_3$、$CuCl_2$ 等）。但是这类材料通常导电性较差，且首周库伦效率较低，可逆比容量衰减较快。要实现可逆的转换反应，通常的方法是增强材料的导电性，促进活性物质的电极反应，减少因失去正接触而丧失活性的纳米产物。转换反应正极材料拓宽了正极材料的选择范围，因较高的比容量而具有很好的研究潜力，但是在实用化之前还需更多的基础研究和数据积累。

1.4.2　负极材料的研究进展

理想的锂离子电池负极材料应具备以下特点：

（1）材料储锂量大，具有较高的理论比容量；

（2）材料具有较低的锂离子脱嵌电位，以保证电池有较高的输出电压；

（3）电化学反应可逆程度高；

（4）氧化还原电位随锂离子含量变化应尽可能小，以保证电池有较平稳的输出电压；

（5）材料具有较高的离子传导率和电子电导率；

（6）材料有良好的表面结构，与电解液相容性好，能形成稳定的固体电解质界面（solid electrolyte interface, SEI）膜。

根据材料种类的不同，锂离子电池负极材料可以分为碳材料和非碳材料。碳材料主要是石墨类材料，其理论比容量为 372 mAh/g，商业化的石墨负极材料比容量已可达 330 mAh/g，已十分接近理论值，进一步提升的空间非常有限。非碳材料根据储锂机制的不同，可以分为嵌入反应负极材料、合金化反应负极材料和转换反应负极材料，如图 1-4 所示[13]。合金化反应负极材料和转换反应负极材料由于具有较大的比容量一直是负极材料的研究热点，下面将分别介绍这两种材料。

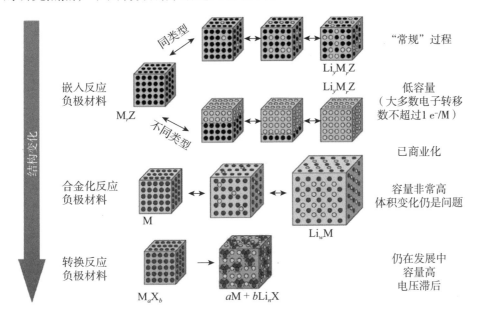

图 1-4　不同反应机理的负极材料

1.4.2.1 合金化反应负极材料

20 世纪 70 年代，嵌入反应负极材料的研究正在如火如荼地进行。与此同时，研究者发现锂可以与金属或半金属元素 M（M 为 Mg、Ca、Al、Si、Ge、Sn、As、Sb、Bi、Zn）进行可逆的电化学合金反应[14]。合金化反应的储锂机制如下：放电时锂离子通过电解液到达负极后得到电子形成锂原子沉积在负极材料表面，之后锂原子扩散到负极材料内部，发生合金化反应形成锂合金。充电时锂合金发生分解，重新生成单质 M 和锂离子。合金化反应的通式为

$$x\text{Li}^+ + xe^{-1} + \text{M} \xrightarrow[\text{放电}]{\text{充电}} \text{Li}_x\text{M} \qquad (1\text{-}5)$$

合金化反应负极材料最大的优势就是可以进行多个锂离子的存储，有较高的理论比容量。比如单个 Si 和 Sn 都可以与 4.4 个 Li 形成合金，Si 的理论比容量可达 4 200 mAh/g，Sn 的理论比容量为 994 mAh/g，而且绝大多数的合金化反应负极材料比容量都要高于石墨负极材料的理论比容量（372 mAh/g），如图 1-5 所示[15]。但是锂离子的大量存储也会导致其结构上的重组，并会导致十分严重的体积膨胀。此外，单质相和合金相不均匀的体积变化会导致两相界面处活性物质的破裂和粉化。

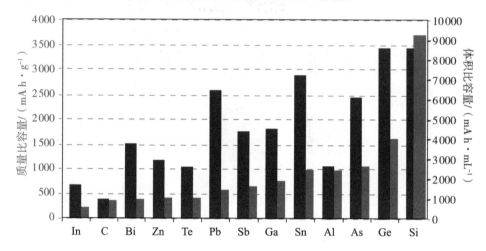

图 1-5　合金化反应负极材料的比容量与加入石墨的比容量对比

以 Si 为例，在 Si 与 Li 发生合金化反应生成 $\text{Li}_{4.4}\text{Si}$ 的过程中，体积变化可超过 400%，如表 1-1 所示[16]，块体的 Si 属立方晶系，晶胞体积为 160.2 Å³，每个 Si 原子的体积为 20.0 Å³。随着 Li 含量的增大，其结构发生了一系列变化。第一个合金相是 $\text{Li}_{12}\text{Si}_7$，属正交晶系，晶胞体积为 243.6 Å³，每个 Si 原子体积为 58.0 Å³。随后形成的第二个合金相是 $\text{Li}_{14}\text{Si}_6$，属三方晶系，晶胞体积增长为 308.9 Å³，每个 Si 原子体积减小为 51.5 Å³。最后形成 $\text{Li}_{22}\text{Si}_5$ 合金时，晶体结构又转变为立方晶系，晶胞体积增长至 659.2 Å³，而每个 Si 原子的体积高达 82.4 Å³。$Li_{22}Si_5$ 合金中每个 Si 原子的体积超过原始 Si 原子体积的 4 倍，即 Si 的晶格发生了大于 400% 的膨胀。剧烈的体积变化会使得电极材料在循环过程中发生破裂、粉化，甚至脱离集流体，造成电化学失活，直接后果就是容量快速衰减，循环性能变得很差。如图 1-6 所示 [17]，Si 薄膜经历了几个循环之后，体积变化带来的巨大应力造成材料的龟裂 [见图 1-6（a）]；更多循环之后，龟裂的片层开始剥离，脱离集流体 [见图 1-6（b）]。

表1-1　Li-Si体系的晶体结构、晶胞体积和每个Si原子的体积

化合物	晶体结构	晶胞体积（Å³）	每个 Si 原子体积（Å³）
Si	立方晶系	160.2	20.0
$Li_{12}Si_7$（$Li_{1.71}Si$）	正交晶系	243.6	58.0
$Li_{14}Si_6$（$Li_{2.33}Si$）	三方晶系	308.9	51.5
$Li_{13}Si_4$（$Li_{3.25}Si$）	正交晶系	538.4	67.3
$Li_{22}Si_5$（$Li_{4.4}Si$）	立方晶系	659.2	82.4

注：1 Å³=10⁻²⁴ cm³。

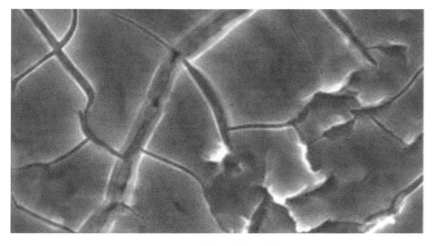

（a）几个循环之后的 Si 薄膜

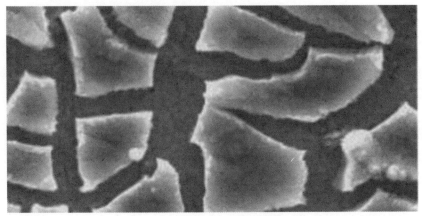

（b）更多循环之后的 Si 薄膜

图 1-6　Si 薄膜经历循环后的龟裂

体积变化带来的破裂和粉化也会导致电极材料表面的 SEI 膜的破裂，新的表面暴露于电解液之后会重新形成 SEI 膜，持续消耗锂离子，造成电池可逆比容量降低，循环性能持续衰减。因此合金化反应负极材料面临两个难题：

（1）降低体积变化所造成的机械损伤，保持材料结构的完整性；

（2）稳定 SEI 膜。

为了缓解合金化反应负极材料体积膨胀的应力，稳定 SEI 膜，使其获得较好的循环稳定性，研究者提出以下两种策略：

（1）设计纳米结构；

（2）设计合金结构分散活性物质。

纳米结构是尺寸介于分子和微米尺寸之间的物质结构，当材料的尺寸减小至纳米级时，能够降低其绝对体积膨胀程度，同时缩短锂离子的传输路径，提高电化学反应速率。通常的纳米材料包括纳米粒子、纳米线（nanowire, NW）、纳米薄膜、多孔结构以及各种空心结构等。Kim 等[18]使用不同的表面活性剂，在高温高压条件下利用反相胶束制备了不同粒径的 Si 纳米粒子。使用十八烷基三甲基溴化铵表面活性剂制备的 Si 纳米粒子粒径为 5 nm，而使用十二烷基三甲基溴化铵表面活性剂制备的 Si 纳米粒子粒径为 10 nm，这说明表面活性剂的烷基链越长，制备的 Si 纳米粒子粒径越小。随后的充放电测试结果表明在 900 mA/g 的电流密度下，5 nm 的 Si 纳米粒子首周的放电比容量和充电比容量分别为 4 443 mAh/g 和 2 649 mAh/g，库伦效率仅为 60%。而 10 nm 的 Si 纳米粒子首周放电和充电比容量分别为 4 210 mAh/g 和 3 380 mAh/g，可逆比容量大幅提升，库伦效率为 80%。20 nm 的 Si 纳米粒子库伦效率进一步提升为 85%，首周比容量分别为 4 080 mAh/g 和 3 467 mAh/ g。随着纳米粒子粒径增大，比表面积会减小，不导电的 SEI 膜的形成会减少，库伦效率会提高。由此可以看出，纳米粒子的粒径并不是越小越好。纳米级的材料一方面可以缩短锂离子的传输路径，缓解体积膨胀；另一方面会增大材料的比表面积，增强其反应活性，使其容易与电解液发生副反应，形成 SEI 膜，消耗锂离子，造成可逆比容量的损失。循环 40 周之后，5 nm、10 nm 和 20 nm 的 Si 纳米粒子容量保持率分别为 71%、81% 和 67%。为了稳定 Si 纳米粒子的界面，提高库伦效率和循环稳定性，作者又在 10 nm 的 Si 纳米粒子表面包覆了碳层。与原始的 Si 纳米粒子相比，包覆碳层之后的 Si 纳米粒子首周可逆比容量（3 535 mAh/g）和库伦效率（89%）都得到了显著提高。这证明碳层的包覆能够有效减少 Si 与电解液的副反应。循环 40 周之后，该材料的容量保持率可达 96%，它表现出较好的循环稳定性。因此，采用导电性良好的材料对纳米粒子进行包覆或分散是一个有效的策略。

Magasinski 等[19]通过自下而上的方法合成了 Si–C 多孔复合物。他们首先通过高温煅烧使炭黑形成树枝化短链；其次，利用化学气相沉积（chemical vapor deposition, CVD）法在树枝化炭黑表面沉积 Si 纳米粒子，最后通过 CVD 法再次沉碳，使树枝化炭黑再次生长、自组装成更大的多孔球形颗粒（图 1-7）。将树枝化炭黑作为基底是因为它具有开放的结构、较低的表观密度和较高的比表面积，能够提供多重位点来沉积 Si 纳米粒子。Si 纳米粒子密集堆积在树枝化炭黑基底的表面，依附于石墨结构的边缘，可以保持良好的电接触。多级的孔结构能够为 Si 纳米粒子的膨胀预留空间，树枝化炭黑基底能够释放体积膨胀带来的应力，保持电极结构的完整性，因而可以获得良好的循环稳定性。在首周电流密度为 210 mA/g 时，电极材料的整体比容量为 1 950 mAh/g，随后电流密度增大为 4 200 mA/ g，比容量达到 1 590 mAh/g，并且在 100 个循环后容量几乎没有衰减。在更高的电流密度（33 600 mA/g）下，电池比容量依然可达 870 mAh/ g，优异的性能表明材料具有较高的反应动力学，锂离子可以在各个颗粒之间快速传递。

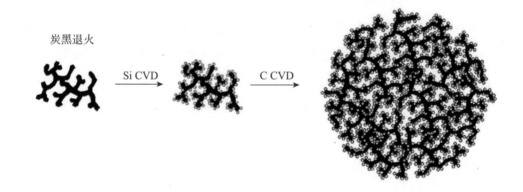

图 1-7　Si-C 多孔复合物合成过程

金属 Sn 在锂化过程中也会发生较大的体积膨胀，形成 $Li_{4.4}Sn$ 时理论上体积膨胀可达 258%。Wang 等 [20] 合成了一系列粒径范围在 79 ～ 526 nm 的 Sn 纳米粒子，并研究了不同粒径的 Sn 纳米粒子在充放电过程中的体积变化和结构粉化情况。通过原位透射电子显微镜（transmission electron microscope, TEM）的观测，他们发现 Sn 的锂化过程分为两个步骤。Li 与 Sn 发生合金化反应后首先生成无定形的贫锂相 Li_xSn，体积膨胀十分有限；之后随着锂化程度的提高，体积膨胀十分剧烈，最终形成富锂结晶相 $Li_{4.4}Sn$。Sn 纳米粒子在充电过程中的剧烈膨胀虽然没有使其发生破裂，但是会导致几十纳米的 Sn 纳米粒子发生团聚，并通过表面焊接形成一个更大的纳米粒子。而脱锂过程则会导致粒径较大的 Sn 纳米粒子发生粉化，这主要是因为较高的合金化比率使 Sn 纳米粒子在脱锂时产生空隙和裂缝。作者对这一系列尺寸依赖性的粉化现象进行了研究和总结，如图 1-8 所示。在锂化过程中，微米级 Sn 粒子不均匀的体积变化导致的高应力是它发生破裂和粉碎的主要原因 [见图 1-8（a）]。但是纳米级的 Sn 粒子，体积膨胀可以被有效缓冲，不会发生破裂 [见图 1-8（b）]，这主要是由于 Sn 粒子较小的尺寸和两步锂化机制减小了体积膨胀的应力。然而，小尺寸的粒径促进了锂离子的传输，剧烈的相转变导致其在脱锂过程中容易发生粉化。粒径为几十纳米的 Sn 粒子会在锂化过程中团聚，并在之后的循环中形成更大的粒子 [见图 1-8（c）]。这是一个动态的损伤—修复过程，但是一些较小的粒子会被重新形成的 SEI 膜孤立，难以再次聚集，更多的循环后，它们就会逐渐丧失自我修复的能力。均匀包覆碳层之后，Sn 纳米粒子被隔绝在碳壳里面，这阻止了 Sn 纳米粒子的团聚和其表面 SEI 膜的形成。即使 Sn 纳米粒子在碳壳里面粉化成更小的纳米粒子，也能保持良好的接触并通过表面焊接重新聚集到一起 [见图 1-8（d）]，这能够减少粉化带来的容量损失，增强循环稳定性。

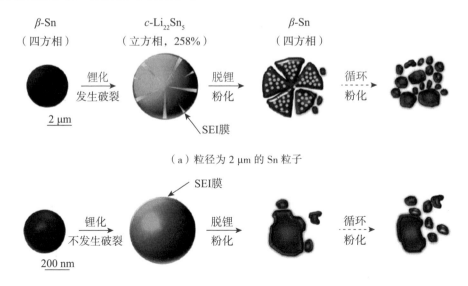

（a）粒径为 2 μm 的 Sn 粒子

（b）粒径为 200 nm 的 Sn 粒子

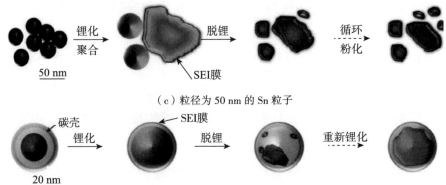

（c）粒径为 50 nm 的 Sn 粒子

（d）包覆碳层的粒径为 20 nm 的 Sn 粒子

图 1-8　Sn 纳米粒子尺寸依赖性的粉化机理

纳米线是一维纳米材料的典型代表，与纳米粒子不同的是，其电子传输不必克服一连串纳米粒子接触的界面势垒，也能有效缓冲体积膨胀，防止结构坍塌、材料粉化。Chan 等 [21] 在铜集流体上直接生长了 Si 纳米线。这个结构的优点如下：

（1）Si 纳米线的平均直径为 89 nm，体积膨胀时它会发生长度和径向增长，但不会在体积变化时破裂；

（2）每一根 Si 纳米线都与集流体直接连接，有良好的电接触，全部都能贡献容量；

（3）Si 纳米线有一维的电子传输路径，能够促进电荷的有效转移（图 1-9）。在 0.05 C 电流密度下，电池的首周放电比容量和充电比容量分别为 4 227 mAh/g 和 3 124 mAh/g，库伦效率为 73%。10 个循环之后，放电容量依然可以保持在 3 100 mAh/g 左右。倍率性能方面，在最高电流密度为 4 200 mA/g 时，电池的放电比容量可达 2 100 mAh/g 以上。充电后对 Si 纳米线进行扫描电子显微镜（scanning electron microscope, SEM）表征，可以看到 Si 纳米线发生了明显的体积膨胀，直径增大为 141 nm。虽然发生了较大的体积膨胀，但是 Si 纳米线没有破裂，依然保持连续结构，且与集流体有良好的接触，这保证了从集流体到纳米线顶端的电子通道。

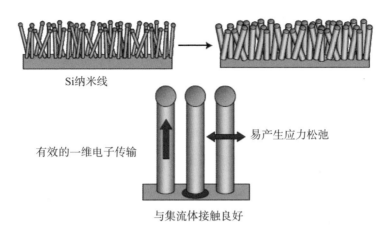

Si 纳米线

有效的一维电子传输

易产生应力松弛

与集流体接触良好

图 1-9　Si 纳米线在锂化过程中的形貌变化示意图

Li 等[22]先在碳纳米管（carbon nanotube, CNT）表面沉积金纳米颗粒，然后以金纳米颗粒为催化剂通过 CVD 法在 CNT 表面生长 Si 纳米线阵列（Si NW-CNT），如图 1-10 所示。Si 纳米线垂直于 CNT 表面生长，长度约为 40 μm，直径为 45 nm。CNT 作为一个负载催化剂的载体，促进了 Si 纳米线阵列的生长，也是一个三维的导电网络，连接了 Si 纳米线和集流体。在 0.5 C（2 100 mA/g）电流密度下，第 2 周 Si NW-CNT 的可逆比容量可达 2 400 mAh/g，并且在 16 周之后比容量增长至 3 200 mAh/g。作为对比，直接生长在 Au 集流体表面的 Si 纳米线第 2 周比容量仅为 1 800 mAh/g，16 周之后比容量缓慢增长至 2 360 mAh/g。结果表明 CNT 对 Si 纳米线和集流体的连接作用是 Si NW-CNT 获得优异性能的必要条件。

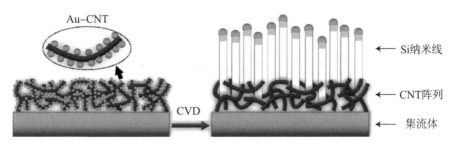

Au-CNT

CVD

Si 纳米线

CNT 阵列

集流体

图 1-10　Si NW-CNT 的合成过程

虽然纳米线能够在体积膨胀和收缩时保持结构的连续，没有发生粉化，但是其表面的 SEI 膜会不断地破裂和重新生长，这会造成对电解质和锂离子的持续消耗。SEI 膜本身是不导电的，越来越厚的 SEI 膜会减弱电极材料之间以及电极材料和集流体之间的电接触，锂离子的扩散距离也会越来越长，这些因素都会直接导致电极材料可逆容量的持续衰减，使其循环稳定性变差。为了解决这个问题，Wu 等[23]设计了一种双壁 Si-SiO$_x$ 纳米管。这种纳米管内壁是有活性的 Si，而外壁则是限制体积膨胀的 SiO$_x$，具体的制备过程如图 1-11 所示。在这个结构中，电解液仅能与外壁接触，无法进入内壁。在锂化过程中，锂离子可穿透 SiO$_x$ 外壁与 Si 内壁发生反应，由于 SiO$_x$ 外壁是刚性的，因此 Si 内壁只能向内膨胀。这样在充放电过程中，与电解液接触的外壁会保持稳定，只有内壁来回移动。稳定的外壁保证了 SEI 膜的稳定，内部的空间能够让 Si 自由膨胀而不发生破裂。在 400 mA/g 的电流密度下，双壁 Si-SiO$_x$ 纳米管的比容量可达 1 780 mAh/g，300 周之后比容量几乎没有衰减，500 周和 900 周之后的比容量保持率分别为 94% 和 76%。在电流密度进一步提高为 40 000 mA/g 时，电池依然有稳定的循环性能，4 000 周和 6 000 周之后，比容量保持率分别为 93% 和 88%。电池的首周库伦效率为 76%，这是由于 SEI 膜的形成；第 2 周至第 6 000 周的平均库伦效率高达 99.938%，证明 SEI 膜具有高稳定性。作者对循环之后的电极材料进行了表征，200 周之后，Si 纳米线和 Si 纳米管都被掩埋在厚厚的 SEI 膜中，而 2 000 周之后双壁 Si-SiO$_x$ 纳米管只有表面有一层薄薄的 SEI 膜，依然保持着最初的形貌。这表明双壁 Si-SiO$_x$ 纳米管出色的循环稳定性是由于其外表面在循环过程中十分稳定，几乎没有变化。

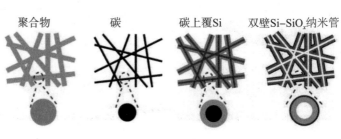

（a）双壁 Si-SiO$_x$ 纳米管的合成过程示意图

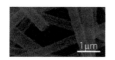

（b）双壁 Si–SiO$_x$ 纳米管的高倍率　　　　　（c）双壁 Si–SiO$_x$ 纳米管的低倍率 SEM 图

（d）双壁 Si–SiO$_x$ 纳米管的 TEM 图

图 1-11　双壁 Si–SiO$_x$ 纳米管的合成过程及形貌表征

　　Ge 的理论比容量为 1 624 mAh/g，每个 Ge 原子也能储存 4.4 个锂离子。与 Si 相比，Ge 的优势在于有较高的锂离子扩散系数（是 Si 的 400 倍[24]）和良好的导电率（带隙比 Si 更小[25]）。但是，与 Si 和 Sn 类似的是，Ge 在锂化和脱锂过程中同样要经历剧烈的体积变化。Chan 等[26] 采用与 Si 类似的方法，在集流体上直接生长 Ge 纳米线。在 0.05 C 电流密度下循环 20 周之后，电池的比容量为 1 000 mAh/g 左右。倍率性能方面，在最高电流密度为 2 C 时电池的比容量可达 600 mAh/g 左右，这证明锂离子在 Ge 纳米线中有良好的传导率。Li 等[27] 采用四甲氧基锗为 Ge 源在碳纳米纤维（carbon nanofibers, CNFs）表面生长了 Ge 纳米线，并在其表面原位生长了一层无定形碳，形成了 c-GeNWs-CNFs 复合物（图 1-12）。c-GeNWs-CNFs 复合物具有自支撑的三维碳网络结构，还有良好的柔韧性，无须交联剂，可以直接用做柔性负极。一维的 Ge 纳米线可以有效缓解体积膨胀，而且 Ge 纳米线的表面包覆了碳层，提高了其导电性，也能防止 Ge 被氧化，因而能够提高库伦效率，稳定循环性能。在 0.1 C 电流密度下，Ge 的可逆容量为 1 520 mAh/g，且 100 个循环之后比容量保持率为 95%。而在 2 C 的电流密度下循环 200 周之后，Ge 的比容量依然可达 840 mAh/g。

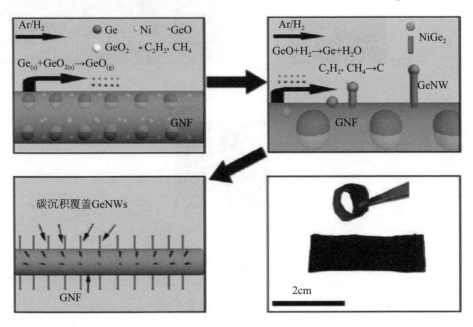

图 1-12　c-GeNWs-CNFs 复合物的合成过程及产物示意图

Kennedy 等[28] 也在集流体上直接生长了 Ge 纳米线，但是在 100 周之后 Ge 纳米线阵列会形成多孔的网络结构（图 1-13）。这种多孔的网络结构在形成之后十分稳定，在随后的 1 000 周中，比容量都保持在大约 900 mAh/g。利用非原位 SEM 对 1 周、10 周、20 周和 100 周之后的电极材料进行观测，作者推断这种网络结构是由 Ge 纳米线在充放电过程中的团聚和焊接而逐渐形成的，而这种现象在 Si 和 Sn 中也曾被证实[29-30]。在 100 周之后，Ge 纳米线结构会发生彻底重组，但是它与集流体始终保持良好接触，在后续循环中形貌几乎没有变化，因而电池的循环性能十分稳定。

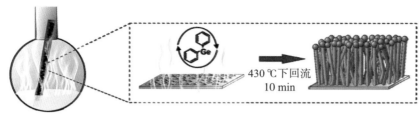

（a）Ge 纳米线的生长方法

（b）Ge 纳米线在循环过程中的变化

图 1-13　Ge 纳米线

　　薄膜材料由于对导电基底有较强的附着力而具有较好的容量保持率。薄膜负极材料通常是通过磁控溅射[31-32] 或其他物理气相沉积法（physical vapor deposition, PVD）[33-35] 制备的。薄膜负极材料的性能在很大程度上依赖于薄膜的沉积速率、基底的表面状态、沉积温度、薄膜的厚度以及后续的退火处理[36-38]。Takamura 等[33-39] 通过 PVD 法在 Ni 箔表面沉积了一层 50 nm 厚的无定形 Si 纳米膜，他们发现 Ni 箔表面的粗糙度对 Si 薄膜的性能有重要影响，所得 Si 薄膜在 12 C 电流密度下循环 1 000 周之后比容量可达 2 000 mAh/g 以上，这展示了它优异的循环稳定性。但是，当 Si 薄膜厚度增加时，其循环性能也会随之变差，比如 0.5 ～ 1 μm 的 Si 薄膜在 200 个循环之后性能会大幅下降，而 1.8 μm 的薄膜在 50 个循环之内性能也会快速降低[38]。与纳米级薄膜相比，厚度 > 1 μm 的 Si 薄膜性能较差的原因在于锂离子的扩散距离变长，传输电阻变大，嵌锂和脱锂过程中的内部应力也随之变大[40]。

　　由于合金化材料在完全锂化时必定会发生较大的体积膨胀，所以利用孔隙结构为体积膨胀预留空间是防止材料粉化、保持结构稳定的一个有效策略。前面所述的双壁 Si-SiO$_x$ 纳米管就是利用孔隙结构的典型，锂化时材料在预留的空间内发生膨胀，脱锂时材料恢复到原来的形状，多次循环之后结构依然能够保持稳定。与实心结构相比，空心结构在锂化时产生的扩散诱导应力更小。Yao 等[41] 通过理论建模分析了实心 Si 球和空心 Si 球在锂化过程中的受力情况，结果表明，在相同体积时实心 Si 球受力是空心 Si 球的 5 倍，这充分说明了空心结构在缓解应力上的优越性，因此空心结构在循环过程中不容易发生破裂。Yao 等通过模板法合成了交联的空心 Si 球，空心 Si 球内径大约为 175 nm，外径大约为 200 nm。空心 Si 球首周可逆比容量为 2 275 mAh/g，且在 700 个循环中平均容量衰减率仅为 0.08%，表现出优异的循环稳定性。

Xiao 等[42] 结合模板法和镁热还原法合成了具有多级、多孔结构的 Si 纳米球（hierarchically porous Si nanospheres, hp-SiNSs），具体方法如图 1-14 所示。Si 在锂化后会产生较大的应力，与块体 Si 向外膨胀相反，hp-SiNSs 的外壳在锂化过程中受到的应力增大，所以会限制 hp-SiNSs 向内部空间膨胀。这样的内部"呼吸"防止 hp-SiNSs 结构的损坏，保持了锂离子和电子的传输网络，稳定了 SEI 膜。因此这种 Si 负极材料可以获得高容量、高倍率性能和高循环稳定性。在 360 mA/g 电流密度下循环 200 周之后，电池的比容量仍保持在 1 800 mAh/g 以上。电流密度为 1 800 mA/g 时，循环 600 周之后的电池性能依然十分稳定，平均库伦效率为 99.91%。Kim 等[43] 采用萘钠还原 SiCl$_4$，并利用 SiO$_2$ 模板合成了三维多孔的块体 Si。这种多孔块体 Si 的优点如下：

（1）多孔块体 Si 多是数十微米甚至上百微米的颗粒，与纳米材料相比，并无强烈的团聚趋势；

（2）多孔块体 Si 中充满了 200 nm 的孔洞，且孔壁仅为 40 nm 左右，这大大缩短了锂离子在块体 Si 中的传输路径，十分有利于提高其倍率性能；

（3）多孔块体 Si 中的孔隙结构为 Si 的膨胀预留了空间，这提高了材料的比表面积，有利于电解液的浸润，可提高锂离子跨界传输的速率。多孔块体 Si 在 400 mA/g 电流密度下循环 100 周之后比容量仍高达 2 720 mAh/g，容量保持率为 99%，而在 2 000 mA/g 电流密度下循环 100 周之后比容量为 2 434 mAh/g，容量保持率为 90%，这展示出其非常好的循环稳定性和高倍率性能。

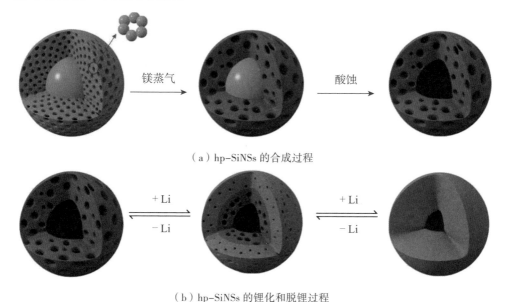

（a）hp-SiNSs 的合成过程

（b）hp-SiNSs 的锂化和脱锂过程

图 1-14　hp-SiNSs 的合成

虽然纳米结构可以有效地缓解体积膨胀，稳定 SEI 膜，但是纳米结构的构建往往需要复杂的合成步骤，成本较高。使用合金化负极材料是缓解体积膨胀的另一个有效方法，其原理在于用体积效应较小的合金化材料或复合物代替纯单质材料，能以牺牲一定比容量的代价获得较好的循环稳定性。以 Si 为例，Si 与金属的合金化分为两种情况：一是金属纯粹起支撑结构作用，在充放电过程中没有脱嵌锂活性，这类金属是惰性基质，如 Ni、Ti 等。它们一方面降低了电极材料整体的能量密度，另一方面缓冲了电极材料的体积膨胀，提高了其循环稳定性；二是金属本身也可以进行脱锂和嵌锂反应，如 Sn、Al 等，但是它们与 Si 的放电电位不同，在放电时会先发生嵌锂反应，Si 可以充当缓冲介质，当 Si 与锂离子发生合金化反应时，Li_xSn、Li_xAl 等合金又可以作为 Si 的惰性介质。这种合金化负极材料的比容量与纯 Si 负极材料的比容量接近，且循环性能要比纯 Si 负极材料更好。

Cu_6Sn_5 是 Sn 基合金的典型代表，在放电过程中采用惰性的 Cu 基质缓冲 Li_xSn 的体积膨胀。Wolfenstin 等 [44] 通过 $NaBH_4$ 还原制备了粒径小于 100 nm 的 Cu_6Sn_5 合金。经过 100 个循环之后，纳米 Cu_6Sn_5 的比容量稳定在 1 450 mAh/mL 左右，是石墨的 2 倍。Wang GX 等一些研究者 [45] 通过高能球磨法合成了两种合金 NiSi 和 FeSi，并研究了其电化学性能。在放电过程中，Ni 和 Fe 是有电化学惰性的，不参与电极反应，只有 Si 与 Li 发生合金化反应。在首次放电时，Si 会逐渐从合金相中分离出来，与 Li 合金化生成 Li_xSi，它们分散在纳米级的金属 Ni 或 Fe 惰性基质中。在随后的循环过程中，只有 Si 和 Li 发生电化学反应，Ni 或 Fe 只起到缓冲体积膨胀的作用。NiSi 合金的首次放电比容量为 1 180 mAh/g，但是其中只有 80% 的可逆比容量，并在 25 个循环内逐渐下降，FeSi 的容量衰减得更快。容量衰减的原因可能是合金材料的粒径太大，充放电过程中 Si 不能被有效分散而失去活性。

SnSb 合金中的两种组分都具有嵌锂活性，因而它具有较高的理论比容量。在嵌锂过程中 Li 首先与 Sb 发生反应，生成 Li_3Sb 和 Sn，进一步的嵌锂反应会生成一系列的 Li–Sn 合金。脱锂过程与之相反，Sn 原子和 Sb 原子会重新形成合金相。Li 等 [46] 通过共沉淀法在乙醇溶液中合成了纳米级 SnSb 合金。这种 SnSb 负极材料在 0.2 mA/cm² 的电流密度下表现出较好的储锂性能，并且要优于单独的 Sn 或 Sb 负极材料。这表明在 SnSb 合金体系中 Sn、Sb、Li 原子都具有较高的扩散速率和较强的协同作用，可以实现不同物相之间的快速转变。SiGe 合金中 Si 和 Ge 也都具有储锂活性，但是均匀的 SiGe 合金在充放电过程中也会因体积变化而粉化。Kim 等 [47] 在氢气（H_2）中对 SiGe 纳米线进行退火处理，使 Si 原子富集在纳米线表面

（Type-G SiGe NWs）。由于 Si 的锂离子传导率较低，会增加锂离子在表面的传质阻力，从而产生了一定的过电势。控制 SiGe 纳米线表面 Si 原子的含量可以改变过电势，控制纳米线的锂化程度，使纳米线的不被锂化的中心区域作为结构的骨架保持材料的稳定性（图 1-15）。在 0.2 C 电流密度下循环 300 周之后 Type-G SiGe NWs 的比容量依然在 1 031 mAh/g 以上，容量保持率为 89.0%，循环稳定性优于普通的 Type-U SiGe 纳米线。

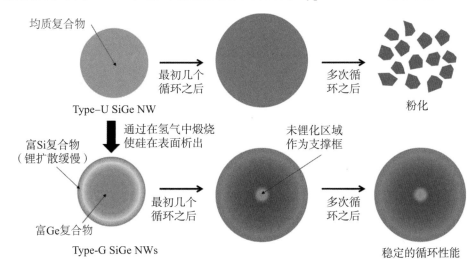

图 1-15　Type-U SiGe NW 和 Type-G SiGe NWs 循环过程中结构变化示意图

1.4.2.2 转换反应负极材料

2000 年，Tarascon 等 [48] 证实了一系列纳米级过渡金属氧化物如 NiO、CoO、FeO 等可以作为锂离子电池的负极材料进行可逆的储锂反应，并提出了转换反应的概念。过去人们通常认为 Li_2O 是具有电化学惰性的，过渡金属氧化物与锂的反应是不可逆的，只有式（1-6）能够进行。但是，在纳米尺度下，材料的物理和化学性质会发生很大的改变，电化学驱动的尺寸效应增强了 Li_2O 的反应活性，使其能够可逆地生成和分解，这使式（1-7）也成为可能。

$$2y\text{Li} + \text{M}_x\text{O}_y \longrightarrow y\text{Li}_2\text{O} + x\text{M} \qquad (1\text{-}6)$$

$$y\text{Li}_2\text{O} + x\text{M} \longrightarrow 2y\text{Li} + \text{M}_x\text{O}_y \qquad (1\text{-}7)$$

随后研究者 Cabana 等发现，不止过渡金属氧化物，过渡金属氟化物、氮化物、硫化物、磷化物等都可以与锂发生可逆的转换反应[49]，且其储锂性能优于传统嵌锂材料。锂离子电池中转换反应的电化学机制进一步被拓展为

$$(b \cdot n)\text{Li} + \text{M}_a\text{X}_b \underset{\text{充电}}{\overset{\text{放电}}{\longrightarrow}} b\text{Li}_n\text{X} + a\text{M} \qquad (1\text{-}8)$$

式中：M 为过渡金属，如 Fe、Co、Mn 等；X 为短周期 B 族阴离子，如 O、S、P、F 等。传统的嵌入反应电极材料由于材料主体晶格结构的限制，只能进行 1 个或少于 1 个锂离子的嵌入和脱出。而转换反应电极材料在放电过程中会打破原有的金属化合物晶体结构，形成锂合物和金属单质的混合相；在充电过程中，混合相界面处的纳米区域具有很高的反应活性，二者之间可发生逆反应，重新生成金属化合物。由于转换反应不受材料结构的限制，可以实现多个电子的转化反应，因而理论比容量很高。

虽然转换反应电极材料具有较高的理论比容量，但是其放电过程中生成的锂合物具有较高的离子键能，所以该类材料热力学非常稳定，反应的可逆性非常差。此外，转换反应电极材料在放电过程中也会出现一定程度的体积膨胀，尽管膨胀率没有合金化电极材料大，但是也会造成电极材料的团聚，使反应活性变差。因此转换反应电极材料在实际应用中的难题在于克服锂合物的化学键断裂和重组所需要的较大的活化能，以及保持各组分在充放电过程中的均匀分散，只有这样才能实现放电产物的可逆分解和转换。为了提高转换反应的可逆性，获得更好的循环性能，通常采用的策略包括纳米化和复合化。

对转换反应电极材料来说，纳米材料的优势在于具有较大的比表面积和较高的表面能，其特有的表面效应和小尺寸效应能够提高电极材料的反

应活性，提高电极反应的可逆程度，改善电极材料的循环性能[50]。具体来说，电极材料纳米化之后会使其能带结构产生一定的变化，进而更多地影响电极的表面能作用，因此纳米材料与块体材料的电化学势有很大差异。同时，纳米材料可以缩短锂离子的传输路径，并且其较大的比表面积增加了电化学反应的微区，降低了反应需要的能垒。在众多过渡金属氧化物中，Mn 系氧化物，如 MnO、Mn_3O_4、Mn_2O_3、MnO_2 及其衍生物[51-58]，由于具有较高的理论比容量、环境友好、资源丰富、放电电压低等优点而得到广泛关注。Mn 系氧化物有丰富的晶体结构，其中 Mn 离子有不同的价态，其性能取决于它们的价态、纳米结构和形貌。作为典型的转换反应负极材料，Mn 系氧化物存在导电性差、体积膨胀较大等缺点，这使得电池循环性能较差，倍率性能不佳。Chen 等[59]用 $KMnO_4$ 和盐酸作为反应物，通过简单的水热反应合成了 MnO_2 纳米棒，所得 MnO_2 纳米棒直径大约为 100 nm，长度为几微米，具有较好的结晶性。在 100 mA/g 电流密度下，MnO_2 纳米棒首周可逆比容量高达 1 206.1 mAh/g，100 个循环之后比容量约为 1 400 mAh/g，其循环性能十分稳定。在电流密度为 1 000 mA/g 时，电池的比容量为 489 mAh/g，且在电流密度降低至 100 mA/g 后电池依然有较好的循环性能。这种纳米棒的优势在于能够缩短锂离子的传输路径，增大比表面积，提高锂离子的扩散动力学，因而可以获得较好的倍率性能。MnO_2 纳米棒结构也能缓冲充放电过程中体积变化带来的应力，保持 MnO_2 电极结构的完整性，因而它有较好的循环稳定性。

Co 系氧化物（CoO 和 Co_3O_4）在作为负极材料的过渡金属氧化物中是被研究得最多的。一些研究表明不管 CoO 的初始微观结构是什么，在经历了几次深度充放电（0～3 V）之后，结构都会发生重组[60-62]。许多课题组通过不同的方法合成了各种不同尺寸、形貌的 CoO，它在 100 次循环后获得了 800 mAh/g 以上的比容量[63-64]。这种晶相的 CoO 能够在高倍率下循环 250 周以上仍保持较好的循环稳定性和较高的比容量（400～600 mAh/ g）。除了 CoO 之外，Co_3O_4 由于具有较高的理论比容量

（CoO 715 mAh/g，Co_3O_4 890 mAh/g）获得了较多关注，许多材料学家都在尝试各种先进的合成方法来充分挖掘 Co_3O_4 的潜力。制备 Co_3O_4 的方法包括前驱体分解法[65-67]、溶剂热法[68-69]、沉淀法[70-71]、模板法[72-73]、溶胶凝胶法[74]等。关于 Co_3O_4 的嵌锂机理有如下两种解释：

$$Co_3O_4 + xLi^+ + xe^- \leftrightarrow Li_xCo_3O_4 (x \leqslant 2) \tag{1-9}$$

$$Co_3O_4 + 2Li^+ + 2e^- \leftrightarrow Li_2O + 3CoO \tag{1-10}$$

研究表明锂化方式是由材料的形貌、测试条件（如电流密度和测试温度）决定的。在首次放电时，粒径较大的 Co_3O_4 会发生嵌锂反应生成 $Li_xCo_3O_4$，而粒径较小的 Co_3O_4 会生成中间产物 CoO。Luo 等[75] 对 5 nm 的 Co_3O_4 立方体进行了原子级别的透射电子显微镜（TEM）观测，以研究其锂化和脱锂的过程。在锂化的初级阶段，锂离子会进入 Co_3O_4 晶格形成 $Li_xCo_3O_4$，这一阶段伴有小幅的体积膨胀（20%）。这个纳米级 Co_3O_4 的嵌锂机理与式（1-9）相符合。更多的锂离子进入 Co_3O_4 晶格之后，其晶格条纹逐渐消失，这说明 Co_3O_4 开始无定形化，随后被转化成 Li-Co-O 原子簇。随着富 Co 原子簇被进一步还原，金属 Co 原子簇和 Li_2O 晶体同时开始成核和生长。最后，Co 原子簇被嵌在 Li_2O 基质中，但是它们彼此之间仍相互交联，这有利于脱锂过程的进行（图 1-16）。因此，构建纳米结构是提高 Co_3O_4 可逆性能的有效方法。

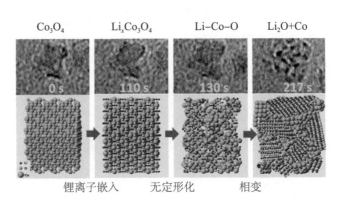

图 1-16　Co_3O_4 锂化过程和机理原位 TEM 示意图

Wang 等 [76] 以 KIT-6 为模板合成了高度有序的介孔 Co_3O_4 纳米结构，所得介孔 Co_3O_4 具有 4.16 nm 的孔径，其比表面积高 126.2 m²/g。在 50 mA/g 和 300 mA/g 电流密度下，分别循环 100 周之后的可逆比容量分别为 1 200 mAh/g 和 700 mAh/g，它具有较好的循环稳定性。Wang 等 [77] 在导电基底 Ti 箔上合成了具有介孔结构的 Co_3O_4 纳米带，并且在 30 个循环之后其可逆比容量仍然在 700 mAh/g 以上。除此之外，研究者还合成了各种各样的 Co_3O_4 纳米结构，如纳米线 / 棒 [78-79]、纳米管 [80]、空心球 [81-83]、纳米片 [84-85] 等，并研究了它们的储锂性能。

过渡金属磷化物（transition metal phosphides, TMP）由于具有较好的氢析出性能而引发了研究热潮。除了氢析出性能之外，研究者也对 TMP 的储锂性能进行了研究。TMP 具有较高的质量比容量和体积比容量，具有较低的体积膨胀率，还具有较好的导电性，且部分 TMP 晶体结构中存在的缺陷和扭曲对锂离子的嵌入十分有利，因此 TMP 是一种十分有潜力的锂离子电池负极材料。人们通常认为 TMP 与锂发生电化学转换反应生成 Li_3P 和嵌入其中的金属粒子 [86-87]，对应反应式如下。

$$MP_y + 3yLi \underset{充电}{\overset{放电}{\rightleftharpoons}} yLi_3P + M \qquad （1-11）$$

Kim 等 [88] 通过醋酸锡、三辛基膦和三辛基氧化膦在溶液中的反应制备了 $SnP_{0.94}$ 纳米粒子，所得 $SnP_{0.94}$ 纳米粒子具有泪滴形状，粒径在 200 nm 左右，且具有良好的结晶性。在 120 mA/g 电流密度下，首周放电比容量和充电比容量分别为 850 mAh/g 和 740 mAh/g，首周库伦效率为 87%，且在 20 周后它就恢复到 100% 了。40 周后，容量保持率为 92%，$SnP_{0.94}$ 纳米粒子表现出良好的循环稳定性。Hall 等 [89] 利用 Fe[N（SiMe₃）₂]₃ 和 PH_3 在 100 ℃下的反应生成了无定形的 FeP_2。反应产物 FeP_2 是粒径为 10 ～ 50 nm 的纳米粒子的聚集体，X 射线衍射（X-ray diffraction, XRD）表明该产物是无定形的，但是微量分析表明 Fe：P 大约为 1：2。FeP_2 在 0.1 C 电流密度时首周放电比容量和充电比容量分别为 1 258 mAh/g 和

766 mAh/g，10周后可逆比容量为906 mAh/g。作者认为FeP$_2$具有较好的循环性能是由于其无定形结构和纳米级的粒径能够降低材料在锂化和脱锂过程中受到的应力，这保持了结构的稳定。

除了纳米化之外，将导电材料与电极材料复合也是提高转换反应电极材料可逆比容量和循环性能的有效方法。最常见的复合材料就是碳材料，比如炭黑、碳纳米管、碳纤维以及无定形碳等。碳材料在复合电极中的作用主要体现在以下几个方面。

（1）提高电极材料的导电性。转换反应电极材料绝大部分是半导体甚至是绝缘体，导电率低，这无疑会增大电池内阻，导致电极材料在充放电过程中，尤其是大电流充放电过程中产生严重极化，大量生热，造成安全问题。此外，导电性不佳也限制了电极材料的高倍率充放电性能，导致其功率密度不高。碳材料具有优异的导电性，将碳材料分散在导电性较差的电极材料中或包覆在电极材料表面充当导电媒介，可以极大地提高转换反应电极材料的导电性，因而可以提高电池的安全性和倍率性能。

（2）限制电极材料的体积膨胀。转换反应负极材料在充放电过程中也会发生一定程度的体积变化，这导致电极材料的微观结构被破坏，循环性能迅速衰减。而碳材料具有良好的机械性能和化学稳定性，利用其柔韧性可以在一定程度上抑制和缓冲电极材料的体积膨胀，防止因材料粉化而造成的容量衰减，提高电池的循环稳定性。

（3）防止纳米粒子的团聚。构建纳米结构一直是提高电极材料电化学性能的有效方法，因为纳米材料可以缩短锂离子和电子的传输路径，提高传输速率，其较高的反应活性有利于提高可逆容量。但是，由于具有较高的比表面积和表面能，纳米材料在充放电过程中会发生团聚，阻碍传输，造成电极材料失活、容量衰减。使用碳材料来负载纳米级电极材料，或对其进行分散和包覆，可以有效防止纳米粒子在充放电过程中的团聚，提高电极材料的循环性能。

Ding等[90]通过简单的水热法在碳纳米管表面直接生长了SnO$_2$纳米

片（SnO_2-NSs@CNT），所得纳米片几乎垂直于碳纳米管表面，且它们相互交联。在 160 mA/g 电流密度下，SnO_2-NSs@CNT 的首周放电比容量为 1 600 mAh/g，充电比容量为 633 mAh/g。40 周后，SnO_2-NSs@CNT 的可逆比容量为 549 mAh/g，而纯 SnO_2 纳米片的可逆比容量仅为 406 mAh/g。电池性能的提高是由于独特的纳米结构将碳纳米管与 SnO_2 纳米片进行了复合，提高了材料的导电性和结构的稳定性。Chen 等[91]通过多步反应合成了由空心 Co_3O_4 球和碳纳米管构成的具有多级结构的管状复合物（CNT-Co_3O_4 微米管），如图 1-17 所示。纳米级的空心 Co_3O_4 球紧密堆积形成了微米级空心管的主体结构，而碳纳米管则穿插在纳米级的空心 Co_3O_4 球之间。在 1 000 mA/g 和 4 000 mA/g 电流密度下循环 200 周之后，电池的可逆比容量分别为 782 mAh/g 和 577 mAh/g，它没有明显的容量衰减，且库伦效率接近 100%。倍率性能方面，在最高电流密度 6 000 mA/g 下，电池的比容量依然可达 515 mAh/g。Liu 等[92]先通过液相剥离制备了 MoS_2 纳米片，然后将单壁碳纳米管分散在 MoS_2 溶液中，制得 MoS_2/SCNT 复合物。导电性良好的碳纳米管分散在 MoS_2 纳米片中构成导电网络，该网络可以快速传导电子，因而 MoS_2/SCNT 复合物具有较高的比容量和良好的循环稳定性。在 100 mA/g 和 500 mA/g 电流密度下循环 50 周之后，MoS_2/SCNT 复合物的可逆比容量分别为 1 215 mAh/g 和 1 146 mAh/g。即使是在 2 000 mA/g 电流密度下循环 500 周之后，电池的容量保持率仍高达 81%。

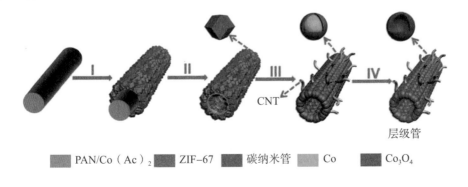

图 1-17　CNT-Co_3O_4 微米管合成过程[90]

除了碳纳米管之外，直接包覆碳层也是改善电极材料性能的一种有效手段。Zhang 等[93]以葡萄糖为前驱体在 Fe_3O_4 纳米粒子表面均匀包覆了一层无定形碳。利用碳层包覆可以保持 Fe_3O_4 纳米粒子在充放电过程中的结构完整性，不仅能提高其导电性，还能稳定 SEI 膜，从而提高了循环性能。在 0.5 C 电流密度下循环 80 周之后电池可逆比容量为 530 mAh/g，这是纯 Fe_3O_4 纳米粒子的 3.5 倍。为了限制 Co_3O_4 在放电过程中的体积膨胀，研究者[94]将 Co_3O_4 嵌入碳纳米纤维中，构建了类似豆荚的纳米结构（图 1-18）。石墨化碳层不仅阻止了 Co_3O_4 纳米粒子的团聚和粉化，还有利于电子的传导。在 1 C 电流密度下，循环 50 周之后，电池容量几乎没有衰减，可逆比容量仍在 1 000 mAh/g 以上，这说明电池的循环稳定性良好。类似地，研究者[66]通过控制前驱体的热解得到了 C/Co 复合物，然后在空气中制得 Co_3O_4/C 复合物，该类复合物也具有良好的性能。

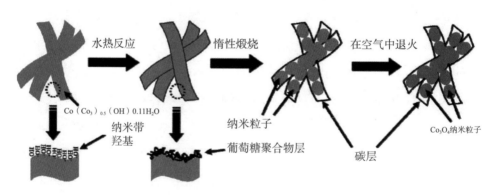

图 1-18　豆荚状 Co_3O_4 复合物的合成过程

除了碳材料之外，导电聚合物，如聚吡咯[95]、聚 3,4- 乙烯二氧噻吩[96]等也经常被用于复合电极材料来改善其性能。

1.5 石墨烯基负极材料的研究进展

1.5.1 石墨烯简介

石墨烯是由单层 sp² 碳原子以六边形结构紧密堆积形成的二维蜂巢状原子晶体，是构成各维度碳材料如富勒烯、碳纳米管和石墨的基元（图 1-19），拥有很多优异的性质[97-100]。自从 2004 年安德烈·海姆（A. K. Geim）和康斯坦丁·诺沃肖洛夫（K. S. Novoselov）等通过机械剥离法制得单层石墨烯之后[101]，石墨烯就逐渐吸引了研究者的目光，这引发了"石墨烯淘金热"。石墨烯是拥有独特电子结构的零带隙半导体，其导带和价带相交于狄拉克点，并成线性色散关系[102]。这种本征的零带隙半导体具有很多独特的电子性质，比如弹道传输特性、赝自旋手性、室温量子霍尔效应等，这些性质使它成为一种有潜力的电子器件材料[103-105]。

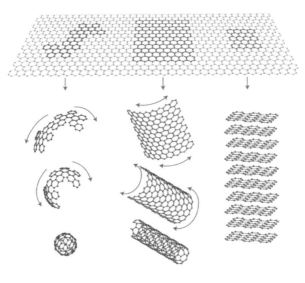

图 1-19　石墨烯是各维度碳材料的组成基元

更为重要的是，石墨烯不仅具有优异的电子性质，还有远超其他同素异形体的机械、光学、热学和电化学性质。基于这些独特的性质，人们认为无论是作为单独的材料还是复合组分，石墨烯都将在许多应用中表现出比碳纳米管和石墨更加优异的性能，尤其是应用在锂离子电池中。石墨烯具有超高的比表面积（2 630 m²/g）[106]、极高的杨氏模量（1.06 TPa）和断裂应力（约 130 GPa）[107]，表现出良好的柔性。除此之外，石墨烯具有良好的热稳定性和化学稳定性、较宽的电位窗口、极高的电子传导率，这些优势使得石墨烯十分适用于锂离子电池等储能体系。

1.5.2　锂离子电池负极材料——石墨烯

传统的石墨负极材料由于理论比容量的限制已不能满足高能量密度锂离子电池的需求，因此人们转而寻找其他具有更高理论比容量的碳基材料。随着高比容量碳基材料的涌现，如碳纳米管、碳纳米纤维、介孔碳和多级多孔碳等[108-111]，研究者提出了新的理论模型来解释超出理论值的比容量，比如锂离子可能会迁移到碳材料的腔体，或通过额外的共价位点形成 Li_2 共价分子[112]。关于石墨烯，Dahn 等[113] 最早提出，如果由单层石墨烯构成负极，理论上可以容纳的锂离子是石墨的 2 倍，因为石墨烯的上下两面都可以吸附锂离子形成 Li_2C_6，所以其理论比容量可达 744 mAh/g，是石墨的 2 倍。相比于碳纳米管和石墨，石墨烯在能源存储方面有独特的优势。比如，理论上石墨烯的比表面积是 2 630 m²/g，它远大于碳纳米管的 1 300 m²/g 和石墨的 10 ～ 20 m²/g。超高的比表面积能够提供更多的电化学反应位点来进行能量存储。石墨烯另外一个显著的优点是具有较好的柔性，可用于构造柔性锂离子电池。石墨烯有很高的表面积体积比，其多孔的开放结构有利于锂离子的快速传导，这可以显著提高材料的倍率性能，而离子传输速度恰恰是微米级石墨难以突破的瓶颈。在石墨烯表面可以进行可控的功能化应用，因而它有更广的应用范围。

石墨烯用于锂离子电池负极最初是由 Yoo 等人报道的 [114]，他们测得石墨烯纳米片的比容量可达 540 mAh/g，它远高于石墨的比容量。通过将碳纳米管、富勒烯嵌入石墨烯层间，调控石墨烯的层间距，他们发现石墨烯的储锂性能很大程度上受到层间距的影响。增大的层间距可以提供更多的储锂位点，嵌入碳纳米管和富勒烯之后，石墨烯达到了更高的比容量，即 730 mAh/g 和 784 mAh/g。Wang 等 [115] 通过氧化还原法大规模制备了疏松、卷曲、类似于花瓣状的石墨烯，这类石墨烯具有较好的比容量和循环稳定性，循环 100 周之后比容量为 460 mAh/g。他们提出锂离子不仅能够吸附于石墨烯的两个表面，还能储存在边缘和共价位点。Guo 等 [116] 证实了石墨烯纳米片的可逆比容量高达 672 mAh/g，它几乎为石墨理论比容量的 2 倍，并且石墨烯纳米片有较好的循环性能。他们认为石墨烯纳米片能够获得高比容量，除了是石墨烯可以两面储锂的原因之外，还因为石墨烯表面有大量的官能团、丰富的微孔和缺陷，这些也能用于储锂。Lian 等 [117] 通过氧化石墨和热还原的方法制得高质量的石墨烯纳米片，厚度大约为 4 层，且比表面积为 492.5 m²/g 的。在 100 mA/g 电流密度下，其首周可逆比容量为 1 264 mAh/g。循环 40 周之后，电池的可逆比容量为 848 mAh/g。这种石墨烯纳米片可以获得较高的比容量是因为它具有卷曲的形貌和无序的结构，产生了许多边缘位点和纳米孔，同时石墨烯表面的氢原子能与锂离子发生反应。

石墨烯负极材料普遍存在的一个问题是首周库伦效率较低，这主要是由于首次放电过程中 SEI 膜的形成。而 SEI 膜的形成与电极材料的比表面积有很大关系，所以与石墨相比，石墨烯会在首周损失更多的可逆比容量。随后的循环中石墨烯的可逆比容量会逐渐稳定，但是充放电过程中严重的电压滞后现象会出现，这将造成电极材料的能源效率很低。电压滞后产生的原因是石墨烯的缺陷储锂，如边缘，含氧、含氢官能团等 [118]。虽然许多研究表明石墨烯表面的缺陷和官能团有利于锂离子的存储，但是缺陷的存在也会对电池的性能产生负面影响。因此限制石墨烯表面的缺陷是十分必要的，特别是首周库伦效率较低的石墨烯材料。但是，将石墨烯还原后，较强的范德华相互作用和π-π堆积作用会导致石墨烯片层的重新聚集、堆叠，使比表面积大幅下降，锂离子扩散阻力增加，储锂性能变差。

Xu 等[119]通过溶剂交换的方法制备了溶剂化石墨烯框架（solvated graphene framework, SGF），它具有溶剂化的多级孔状网络结构，能被直接用于锂离子电池负极。制备的具体方法为先通过水热法还原氧化石墨烯（graphene oxide, GO）得到石墨烯水凝胶（graphene hydrogel, GH），随后将 GH 在离子液体或有机溶剂如碳酸乙烯酯、乙醇中进行溶剂交换，得到 SGF。与冷冻干燥得到的石墨烯气凝胶（graphene aerogel, GA）相比，SGF 不仅可以保留 GH 的框架结构和微孔，还可以保留 GH 中的石墨烯层与层之间的孔隙结构，避免石墨烯层的堆叠，所以其比表面积几乎没有变化（图1-20）。将 SGF 直接用于锂离子电池的负极，当电流密度为 100 mA/g 时，首周可逆比容量为 1 367 mAh/g，库伦效率为 48.5%，循环 30 周之后比容量依然高达 1 158 mAh/g。作为对比，GA 的首周比容量仅为 510 mAh/g，30 个循环之后比容量为 439 mAh/g。当电流密度为 5 000 mA/g 时，SGF 的比容量为 472 mAh/g，且循环 500 周之后容量保持率为 93%，循环稳定性十分优异。虽然 SGF 避免了石墨烯片层的堆积，获得了较高的比容量和优异的倍率性能，但是首周库伦效率依然很低。因此从应用角度出发，对石墨烯电极材料进行预锂化，或是对石墨烯表面进行可控修饰可能会是有效的解决办法。

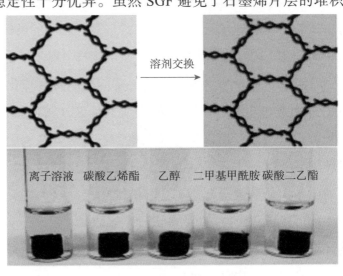

图1-20　溶剂交换方法制备 SGF

1.5.3 石墨烯与嵌入反应负极材料的复合

除了石墨材料之外，嵌入反应负极材料还有 TiO_2、$Li_4Ti_5O_{12}$、$Li_4Mn_5O_{12}$ 等。虽然嵌入反应电极材料具有结构稳定的特点，但是其导电性和离子传导率较差，导致其倍率性能较差。在结构设计中加入石墨烯能够提高材料整体的导电性，增加锂离子的传输通道，缩短扩散路径，从而提高材料的倍率性能。

Cheng 等 [120] 以离子液体为媒介，在石墨烯表面可控地原位生长了 TiO_2 纳米晶（TiO_2 nanoparticles, TiO_2 NPs），同时还原氧化了石墨烯，得到了 TiO_2-RGO（reduced graphene oxide）复合物，所得复合物中的 TiO_2 NPs 为针形结构，锚定在石墨烯表面，随机排列形成了高度的孔隙结构，且石墨烯和 TiO_2 之间有强烈的耦合作用，为电子和离子的快速传输提供了通道，同时提高了材料的机械稳定性。在 120 mA/g 和 1 200 mA/g 电流密度下，TiO_2-RGO 复合物的可逆比容量分别为 234 mAh/g 和 174 mAh/g。当电流密度达到最高 7 200 mA/g 时，可逆比容量依然可达 123 mAh/g，因此该复合物表现出良好的高倍率性能。在 1 200 mA/g 电流密度下循环 300 周之后，电池的可逆比容量依然为 154 mAh/g，说明 TiO_2 纳米晶与石墨烯表面有紧密的接触，只有这样，复合物才能在较长的循环过程中保持良好的电荷传递和机械稳定性。Lee 等 [121] 用多孔石墨烯（porous graphene, PG）和 TiO_2 NPs 构建了一个具有多级结构的 TiO_2 NPs-PG 复合物，如图 1-21 所示。TiO_2 NPs 的平均粒径为 6 nm，TiO_2 NPs 紧密堆积在具有微孔网络结构的 PG 表面形成介孔 TiO_2 层，其开放的孔道结构能够连接到 PG 的导电网络上，使复合物具有良好的导电性和离子传导率。整个复合物是自支撑的，无须导电添加剂和黏结剂，就可以直接作为锂离子电池的负极材料。TiO_2 NPs-PG 复合物的负极具有良好的倍率性能，当电流密度为 100 mA/g 时，电池比容量可以稳定在 250 mAh/g 左右；当电流密度逐渐增加到 10 000 mA/g，电流跨度为 100 倍时，电池也能保持较高的可逆比容量。即使是在 15 300 mA/g 的电流密度下，电池也能在 10 000 个循环中保持性能的稳定，其可逆比容量为 60 mAh/g 左右。

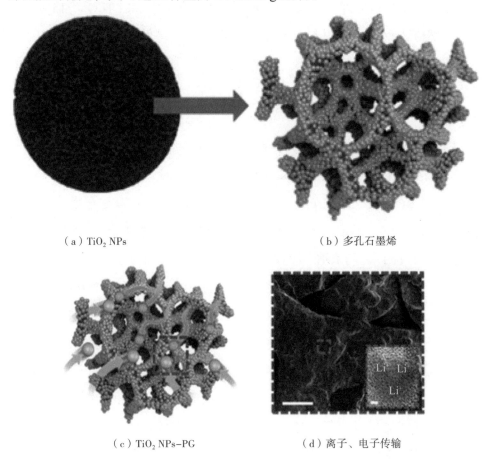

（a）TiO₂ NPs

（b）多孔石墨烯

（c）TiO₂ NPs-PG

（d）离子、电子传输

图 1-21　TiO₂ NPs-PG 复合物的结构示意图以及离子、电子传输示意图

Li 等 [122] 通过水热法在 GF 表面原位生长了 $Li_4Ti_5O_{12}$（LTO/GF）。LTO 厚度仅为几纳米，LTO 垂直于 GF 的表面紧密堆积，不仅增大了与电解液的接触面积，有利于锂离子的嵌入和脱出，还缩短了锂离子的固体传输路径。直接生长于石墨烯表面的 LTO 与石墨烯有良好的电接触和较强的结合作用，因此不用加入黏结剂。GF 本身就是一个良好的导电基底，再加上其较好的柔韧性，所以不需要集流体，LTO/GF 就可以直接作为柔

性电池的负极材料。在 0.1 C 电流密度下，LTO/GF 和 LTO 的充放电比容量十分接近。但是在 1 C 和 30 C 电流密度下，LTO/GF 的比容量分别为 170 mAh/g 和 160 mAh/g，甚至在电流密度为 200 C 时，LTO/GF 的比容量依然可以达到 135 mAh/g，约是 1 C 时比容量的 80%。与之形成对比的是 200 C 时 LTO 的比容量几乎为 0。在 200 C 的电流密度下，LTO/GF 的充放电曲线依然有较长且平稳的充放电平台，这说明这种复合结构有优异的离子和电子传导动力学。在 0.5 C 下循环 100 周之后，LTO/GF 的结构依然存在，这说明这种结构能够在长期的嵌锂和脱锂过程中保持稳定。作者同样制备了 LiFePO$_4$/GF 复合正极材料，将其与 LTO/GF 组成了柔性全电池。在弯曲和展开状态下，电池的性能几乎没有区别，循环性能也十分稳定。

总之，对嵌入反应负极材料来说，石墨烯的加入可以极大地改善材料的离子和电子传导动力学。以石墨烯为基础构建纳米结构，石墨烯作为支撑载体和导电网络，可以在循环过程中保持纳米结构的稳定，从而可以提高电池的循环性能和倍率性能。

1.5.4 石墨烯与合金化反应负极材料的复合

如前面所述，合金化电极材料亟须解决的问题主要体现在两个方面：

（1）剧烈体积变化带来的颗粒团聚和材料粉化；

（2）SEI 膜的稳定。

石墨烯具有良好的机械性能和一定的柔韧性，能够释放体积变化带来的应力，保持电极材料结构的完整性。石墨烯能够很好地分散纳米粒子，是构建多级纳米结构的理想材料。同时石墨烯能避免电解液和电极材料的直接接触，让 SEI 膜生长在其表面，起到稳定 SEI 膜的作用。

1.5.4.1 Si 和石墨烯的复合物

Liu 等 [123] 利用应力释放的方法制备了 Si 膜和石墨烯（RGO）膜卷曲形成的 "三明治" 卷（Si/RGO 卷）。通过选择性地刻蚀牺牲层，Si/RGO 双层纳米膜受到的应力得到释放，Si/RGO 双层纳米膜发生自然卷曲，形成具有 Si 和 RGO 交替层的卷状物（图 1-22）。交替堆积的 RGO 层能够防止 Si 与电解液直接接触，避免 Si 层的聚集。Si/RGO 卷的内部空间能够很好地容纳 Si 的体积膨胀，释放锂化和脱锂过程中的应力。当电流密度为 1 000 mA/g 时，最初几个循环后容量有小幅衰减，但在 25 ～ 530 周，电池的比容量稳定在 965 mAh/g 左右。700 周之后，电池的可逆比容量为 821 mAh/g，它表现出较好的容量保持率。

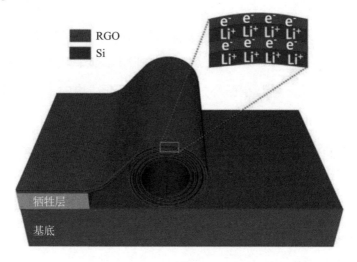

图 1-22　Si/RGO 双层纳米膜成卷过程

在纳米结构中制造孔隙也是提高循环稳定性的一个有效策略。Jing 等 [124] 在石墨烯和碳纳米管的复合气凝胶（carbon aerogels, CAs）上通过 CVD 法沉积了一层 Si（Si/CAs）。在这个结构中，Si 与 CAs 有紧密的面面接触，还有开放的孔隙结构。CAs 本身就具有一定的弹性，能够缓冲体积变化带来的应力，而开放的孔隙结构能够为体积膨胀预留空间，因而循环过程中

Si 始终能与 CAs 保持紧密接触，这保持了结构的稳定。Choi 等 [125] 通过电喷雾法制备了 Si@carbon@void@graphene 复合物。在这个多级结构中，Si 纳米粒子被包覆了两层，内层为无定形碳，外层为石墨烯，由于石墨烯的分散作用，Si 纳米粒子之间还有空孔隙结构。这样的结构既保证了电子和离子的快速传导，又在循环过程中保持了结构的稳定。在 7 000 mA/g 电流密度下，循环 500 周之后，这种复合物的比容量稳定在 966 mAh/g，容量保持率为 84%。

Wang 等 [126] 将一维的 Si 纳米线和二维的石墨烯进行混合制备了自支撑的 SiNW@RGO 复合物。在 0.2 C（840 mA/g）电流密度下，单独的 SiNW 电极容量衰减十分迅速，而 SiNW@RGO 电极的可逆比容量可达到 3 350 mAh/ g，并且它在 20 个循环内保持相对稳定。SiNW@RGO 电极的首周库伦效率为 72%，第二周之后保持在 95% 以上。通过对循环后的 SiNW@RGO 进行表征，人们发现 SiNW@RGO 中的 Si 纳米线已变成多孔的海绵状结构，产生这种变化的主要原因为体积变化造成的结构破裂和 SEI 膜在循环过程中的重复形成，所以循环过程中库伦效率并不理想。这说明 RGO 和 SiNW 的简单复合并不能很好地保护 SiNW 不受电解液的腐蚀。于是 Wang 等 [127] 进一步完善了该结构，先在 SiNW 表面生长了一层交叠的石墨烯片层（SiNW@G）。作为封装 SiNW 的鞘层，石墨烯片层阻止了电解液和 SiNW 的直接接触，保持了结构和界面的稳定。所得 SiNW@G 与 RGO 进行复合，即对 SiNW@G 进行包装（SiNW@G@RGO），可以缓冲 SiNW@G 在充放电过程中的体积变化，保持结构和导电网络的完整（图 1–23）。因此 SiNW@G@RGO 可以获得更好的循环稳定性，当电流密度为 840 mA/g 时，复合材料的可逆比容量为 1 650 mAh/g（Si 的比容量为 2 750 mAh/g），且在 50 个循环内都非常稳定。当电流密度增加至 2 100 mA/g 时，SiNW@G@RGO 的可逆比容量依然可达 1 600 mAh/g，循环 100 周后容量保持率为 80%，且从第 3 周开始，库伦效率一直维持在 98% 以上。石墨烯对 SiNW 的封装和 RGO 对 SiNW 的包裹协同作用，既保持了结构的稳定，也保持了界面的 SEI 膜的稳定，还赋予了材料良好的导电性，因此 SiNW@G@RGO 获得了良好的循环稳定性和倍率性能。

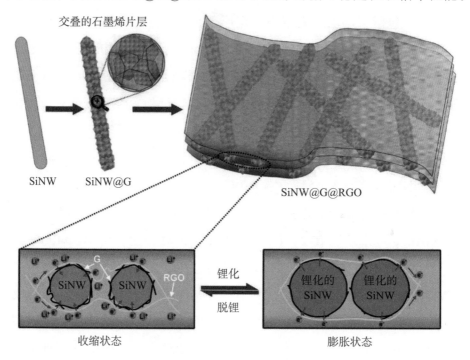

图 1-23　SiNW@G@RGO 的制备过程和缓冲体积膨胀的示意图

　　GO 表面有丰富的含氧基团，因而 GO 表面带有负电荷，利用静电作用是实现 GO 对纳米粒子包覆的可行方法。Zhou 等 [128] 先对 Si 纳米粒子进行表面修饰，使 Si 纳米粒子吸附聚二烯丙基二甲基氯化铵（PDDA）带正电荷，并且与带负电荷的 GO 相互吸引实现 GO 对 Si 纳米粒子的包覆，然后通过退火还原 GO，得到 Si-NP@G（图 1-24）。由于石墨烯的封装作用，Si-NP@G 表现出较好的循环性能（在 100 mA/g 电流密度下循环 150 周后可逆比容量为 1 205 mAh/g）和倍率性能（在 400 mA/g、800 mA/g 和 1 600 mA/g 电流密度下，比容量分别为 1 452 mAh/g、1 320 mhA/g 和 990 mAh/g）。Ji 等 [129] 将 GO 和修饰了 PDDA 的 Si 纳米粒子制备成混合溶液，然后将其滴加到超薄石墨烯泡沫（ultrathin graphene foam, UGF）

上，制备了 Si/G/UFG 复合物。Chang 等 [130] 在泡沫镍上多次交替滴加 GO 溶液和 Si 纳米粒子，通过氧化还原法制备了层层交替堆积的 Si/RGO 复合物。由于石墨烯的分散和缓冲作用，Si 纳米粒子能够在充放电过程中保持结构完整，提高电极的循环稳定性。在 2 400 mA/g 电流密度下，Si/RGO 复合物的可逆比容量为 1 500 mAh/g 左右，且在循环 100 周之后容量保持率为 80%。当电流密度增加到 7 200 mA/g 时，电池的可逆比容量为 765 mAh/g，且在 300 周内保持稳定，没有明显衰减。

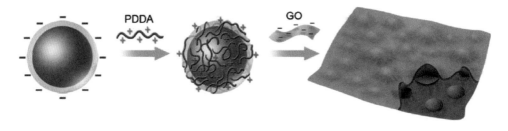

图 1-24　GO 包覆 Si 纳米粒子示意图

纳米结构一直是解决 Si 体积膨胀、电极粉化、离子和电子传导率低等问题的有效方法。就尺寸而言，理论和实验都已证明当 Si 的尺寸低于一个临界值时就不会发生破裂。从结构稳定的角度考虑，研究者找到了从 20 nm 到 870 nm 之间不同的临界值 [34, 131-134]，并且发现活性材料尺寸的减小能够缩短锂离子和电子的传输路径，有利于电极材料和锂之间的反应。Kim 等 [18] 通过系统对比 5 nm、10 nm 和 20 nm 纳米 Si 的循环性能，认为 10 nm 是纳米 Si 的最佳尺寸。这一最佳尺寸的纳米 Si 被应用于各种纳米 Si 结构的设计和构建，能够很好地提高不同维度纳米 Si 负极的性能 [135-136]。在更小的尺寸下，纳米粒子由于具有高比表面积和高表面能会发生团聚，并和电解液发生副反应。而通过和石墨烯复合，纳米粒子可以均匀分散在石墨烯上，这避免了团聚的发生，使得更小尺寸的 Si 纳米粒子也能表现出良好的性能。Ko 等 [137] 在多孔 GF 的表面均匀沉积了粒径为 510 nm 的无定形纳米 Si（amorphous Si nanoparticles back boned-graphene nanocomposites, a-SBG）。通过 TEM 可以看出，锂化后无定形 Si 纳米粒子发生了明显的体积膨胀，但是由于石墨烯的分散作用以及应力释放，Si 纳米粒子没有发生团聚，并且在随后的充电过程中恢复了原来的尺寸。从宏观上来看，a-SBG 在首次循环后会发生一定的收缩（厚度从 13 μm 减小到 10 μm），这是因为 Si 纳米粒子的膨胀应力使得 GO 骨架发生了自收缩，而且在随后的循环过程中 a-SBG 还会继续收缩，循环 100 周之后的 a-SBG 厚度为 9 μm[图 1-25（a）和图 1-25（b）]。在 56 mA/g 电流密度下，a-SBG 电极的首周可逆比容量为 2 858 mAh/g，库伦效率高达 92.5%。在 14 000 mA/g 电流密度下，循环 1 000 周之后，a-SBG 的平均比容量为 1 103 mAh/g，且平均库伦效率为 99.9%。石墨烯的高传导效率以及 Si 纳米粒子的高离子扩散速率使得 a-SBG 能够具有稳定的循环性能。Wang 等 [138] 进一步降低了 Si 纳米粒子的尺寸，通过自组装法在石墨烯表面可控地生长了尺寸为 3 nm 左右的 Si 量子点（graphene sheet-supported uniform ultrasall silicon quantum dots, SiQD-GNS）。SiQD 在石墨烯表面的自组装是由石墨烯和 SiQD 之间的静电相互作用实现的 [图 1-25（c）]。由于石墨烯表面的 SiQD 尺寸非常小，其储锂行为是表面控制的，类似于超级电容器中的赝电容机理，而不是传统的扩散控制的机理，所以 SiQD-GNS 可以实现超快的锂离子传输和存储。在 2 000 mA/g、10 000 mA/g、20 000 mA/g 电流密度下，SiQD-GNS 的比容量分别为 895 mAh/g、627 mAh/g、566 mAh/g，且在电流密度返回 2 000 mA/g 后电池性能也会恢复。此外，在 2 000 mA/g 电流密度下，循环 500 周之后，容量保持率在 98% 以上。这种接近尺寸极限的 SiQD 具有全新的表面控制储锂机制，而石墨烯能够使其稳定存在并均匀分散，因而它可以有稳定的高倍率性能。

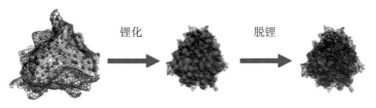

（a）a-SBG 的自收缩示意图

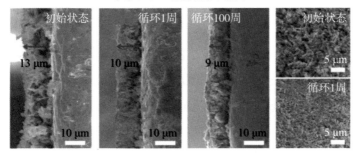

（b）a-SBG 的循环前后 SEM 图

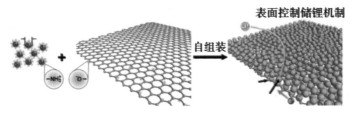

（c）SiQD 在石墨烯表面的自组装示意图

图 1-25　a-SBG 的自收缩示意图、循环前后 SEM 图及 SiQD 在石墨烯表面的自组装示意图

1.5.4.2 Sn 和石墨烯的复合物

Lian 等 [139] 设计合成了具有三维碳网络的纳米级 Sn@C/G（Sn@C/graphene）复合电极材料。这种电极材料在 100 mA/g 电流密度下循环 50 周后比容量稳定在 600 mAh/g 左右，在最高电流密度 1 000 mA/g 时，比容量可以达到 344 mAh/g。Zhou 等 [140] 在石墨烯片层上均匀生长了 Sn 纳米粒子，在 100 mA/g 电流密度下循环 100 周之后，电池的可逆比容量也可达 838.4 mAh/g。Beck 等 [141] 通过微波法将 SnO_2 嵌入石墨烯片层中，然

后在惰性气氛下对它进行高温退火还原得到了 Sn/G 复合物，并进一步探究了 Sn 含量与电池性能的关系。在 100 mA/g 电流密度下，Sn/G 复合物的比容量为 790 ～ 850 mAh/g，随着 Sn 含量的增加而降低。对复合物进行二次包碳会改善其首周可逆性能和循环稳定性，循环 100 周后比容量稳定在 500 mAh/g 左右。Ji 等 [142] 将 Sn 纳米柱阵列嵌在两层石墨烯之间，使它们形成"三明治"结构，Sn 纳米柱阵列和石墨烯片层交替沉积形成多层结构——Sn 纳米柱 – 石墨烯复合物（图 1-26）。这种独特的结构能够增强材料的电接触性能，并能利用石墨烯的机械强度缓冲体积膨胀，使材料在循环过程中保持结构完整。当电流密度为 500 mA/g 时，该电极在 40 个循环之内容量保持相对稳定，最后比容量为 508 mAh/g。

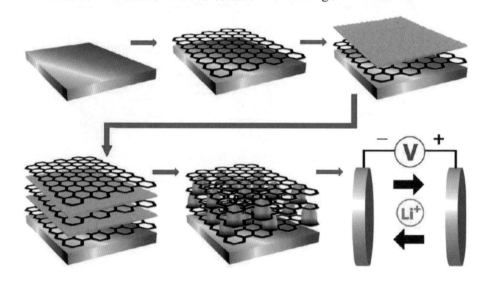

图 1-26　Sn 纳米柱 – 石墨烯复合物制备过程

Qin 等 [143] 以 NaCl 为模板，通过 CVD 法合成了石墨烯封装的 Sn 纳米粒子，并将其嵌入三维多孔石墨烯网络形成了 Sn@G-PGNWs（3D. porous graphene networks anchored with Sn nanopartides encapsulated with graphene shell）复合物（图 1-27）。Sn 纳米粒子表面的石墨烯层是弹性的，这既能避免 Sn 和电解液的直接接触，保持界面的稳定，也能缓冲体积膨胀，防止团聚的发生。三维多孔石墨烯网络具有高导电性、高比表面积，能将 Sn@G 复合物固定在框架中。该方法所得复合物具有优异的倍率性能，当电流密度分别为 200 mA/g、500 mA/g、2 000 mA/g、5 000 Ah/g 和 10 000 mA/g 时，电池比容量分别为 1 022 mAh/g、865 m Ah/g、652 m Ah/g、459 mAh/g 和 270 mAh/g。电池循环性能也十分稳定，在 2 000 mA/g 电流密度下循环 1 000 周之后，电池比容量为 682 mAh/g，容量保持率为 98.3%。Li 等[144]通过微波等离子体照射 SnO_2 制备了石墨烯纳米结构包覆的纳米 Sn。当电流密度为 150 mA/g 时，循环 120 周之后，电池的可逆比容量为 1 005 mAh/g。在更高的电流密度下，该复合物依然有稳定的循环性能。当电流密度为 6 C 时，电池可以循环 5 000 次以上，并且保持 400 mAh/g 的可逆比容量。

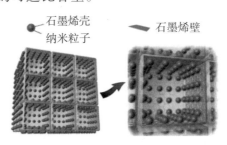

（a）Sn@G-PGNWs 复合物的结构示意图

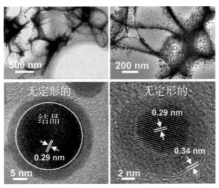

（b）Sn@G-PGNWs 复合物各级结构的形貌

图 1-27 Sn@G-PGNWs 复合物的结构示意图及各级结构的形貌

1.5.4.3 其他合金化反应电极材料和石墨烯的复合物

除了 Si 和 Sn 之外，其他合金化反应电极材料也能通过与石墨烯复合改善性能。Zhang 等[145]以 SbCl₃ 和 GO 为前驱体，通过水热法合成了纳米复合物 Sb/G（Sb/graphene）。Sb 纳米粒子均匀分散在石墨烯层间，阻止了石墨烯的堆叠，而石墨烯则可以缓冲 Sb 纳米粒子的体积膨胀，防止其团聚。在 50 mA/g 和 100 mA/g 电流密度下，循环 40 周之后，Sb/G 的可逆比容量保持在 411 mAh/g，而纯 Sb 的比容量则会在 30 周内衰减至 37 mAh/g。Song 等[146]通过刻蚀合成了 G/Ni（graphene/Ni）复合物，该复合物采用蛋黄 – 蛋壳结构，利用石墨烯的包覆来制造孔隙，获得了较好的循环稳定性。在 100 mA/g 和 1 000 mA/g 电流密度下，循环 100 周之后，电池的比容量分别为 800 mAh/g 和 490 mAh/g，且没有明显衰减。Yuan 等[147]将碳包覆的 Ge 纳米粒子分散在石墨烯层之间，制备了具有三明治结构的 Ge/RGO/C 复合物（图 1–28）。在 1 C 电流密度下，首周可逆比容量为 993 mAh/g，循环 600 周之后可逆比容量仍高达 972 mAh/g，容量几乎没有衰减，容量保持率接近 100%。

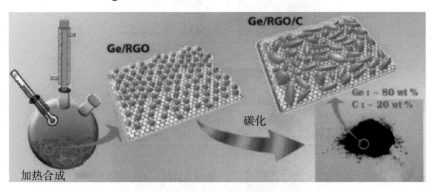

（a）Ge/RGO/C 复合物的合成过程

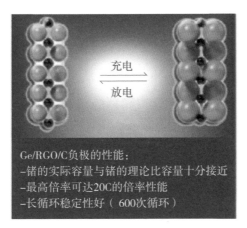

（b）Ge/RGO/C 复合物的充放电示意图

图 1-28　Ge/RGO/C 复合物的合成过程、充放电示意图

综上所述，石墨烯的加入能够很好地缓冲合金化反应电极材料在充放电过程中的体积变化，稳定电极材料的结构，因而电池可以获得高度稳定的循环性能。

1.5.5　石墨烯与转换反应负极材料的复合

根据反应机理，大部分转换反应电极材料及其放电产物（如 Li_2S、Li_2O）的导电性都比较差，放电过程中的团聚可能会造成物相分离，导致材料与其他产物失去电接触而丧失反应活性，造成容量快速衰减。电极材料与石墨烯的复合，不仅提高了电极材料本身的导电性，还加强了放电产物的电接触，为电极材料创造了极为丰富的转换反应微区，促进了电极反应的动力学过程，提高了反应速率，并在一定程度上解决了电压滞后问题，稳定了材料的循环性能。

Wu 等 [148] 通过简单的溶液法合成了 Co_3O_4/G（Co_3O_4/graphene）复合物。Co_3O_4 纳米粒子的粒径在 10～30 nm 之间，它们均匀地嵌在石墨烯上，阻止了石墨烯片层的重新堆叠。而具有柔性的石墨烯不仅为 Co_3O_4 纳米粒子的膨胀和收缩提供了弹性缓冲空间，还能防止 Co_3O_4 纳米粒子的团聚。石墨烯具有良好的导电性，是 Co_3O_4 纳米粒子的导电通道，提高了材料整体的电子和离子传导率。Co_3O_4 纳米粒子和石墨烯彼此间的协同效应使复合物获得了较高的可逆容量和优异的循环性能。Co_3O_4/G 复合物作为电极的首周放电和充电比容量分别为 1 097 mAh/g 和 753 mAh/g；5 周之后，可逆比容量为 800 mAh/g 左右，且库伦效率稳定在 98% 以上；30 周之后，Co_3O_4/G 的可逆比容量已上升至 935 mAh/g，这说明石墨烯和 Co_3O_4 纳米粒子的协同作用随着循环越来越明显。

随后，Zhou 等[149] 又合成了 NiO 纳米片和石墨烯的复合物 NiO NS/G（NiO NS/graphene）。借助 X 射线光电子能谱（X-ray photo-electron spectroscopy，XPS）、傅立叶变换红外光谱和拉曼光谱，他们进一步研究了 NiO NS 和石墨烯之间的相互作用，发现 NiO 可以和石墨烯表面的含氧基团通过氧原子键合在一起，形成 Ni–O–C 桥联，将 NiO NS 固定在石墨烯表面。他们通过理论计算发现，Ni 原子易于吸附在石墨烯的含氧基团上，但是解离非常困难（图 1–29），因此石墨烯可以通过氧桥将 NiO NS 牢牢固定在其表面。除此之外，氧桥还能促进电子在石墨烯和 NiO NS 之间的快速跃迁，有利于 NiO NS 的锂化以及脱锂，因而 NiO NS/G 复合物可以获得高度可逆的储锂性能和较好的倍率性能。在 50 mA/g 电流密度下，NiO NS/G 复合物的首周放电和充电比容量分别为 1 478 mAh/g 和 1 000 mAh/g，可逆比容量比单独的 NiO NS 和石墨烯的比容量之和还高，这证明两种组分之间确实存在协同效应。循环 50 周之后，NiO NS/G 复合物的可逆比容量为 883 mAh/g，容量保持率大约为 90%。当电流密度逐渐增加至 2 500 mAh/g 时，该复合物的比容量仍可保持在 550 mAh/g 左右。进一步通过 TEM 的原位观察，Shan 等[150] 发现 NiO/G 中的锂离子的扩散分为两步：一是锂离子在石墨烯表面扩散；二是锂离子通过界面从石墨烯扩散到 NiO 中。NiO@G（NiO@graphene）的锂离子扩散速率比 NiO 高出 2 个数量级，这说明石墨烯可以作为锂离子扩散的高速通道，而 NiO 与石墨烯的紧密结合以及相互作用也是锂离子快速扩散的关键因素。石墨烯还可以改善高电流密度下锂离子与 NiO 的反应动力学，促进 NiO 的均匀锂化。同时，石墨烯严格限制了界面处 NiO 的膨胀，确保了石墨烯与 NiO 之间稳定的电化学接触（图 1–30）。但是，通过简单的物理混合并不能实现限制体积膨胀的作用，这说明复合物中石墨烯和电极材料的紧密接触对限制体积膨胀也十分重要。

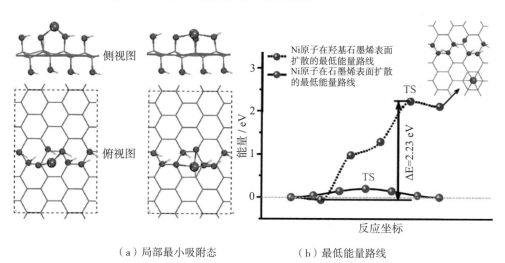

（a）局部最小吸附态　　　　　　　（b）最低能量路线

图 1-29　Ni 原子与石墨烯表面羟基的局部最小吸附态及 Ni 原子在石墨烯表面和羟基石墨烯表面扩散的最低能量路线

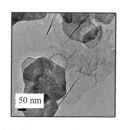 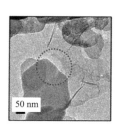 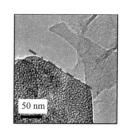

（a）原始 NiO@G 的 TEM 图　　（b）锂化后 NiO@G 的 TEM 图　　（c）原始 NiO@G 的 TEM 放大图

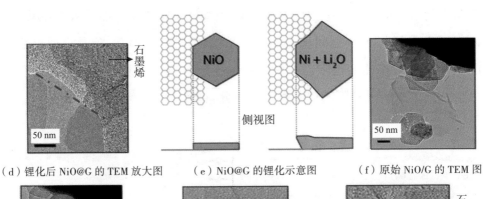

（d）锂化后 NiO@G 的 TEM 放大图　　（e）NiO@G 的锂化示意图　　（f）原始 NiO/G 的 TEM 图

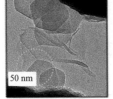　　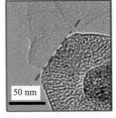　　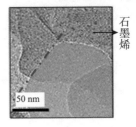

（g）锂化后 NiO/G 的 TEM 图　　（h）原始 NiO/G 的 TEM 放大图　　（i）锂化后 NiO/G 的 TEM 放大图

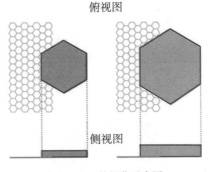

（j）NiO/G 的锂化示意图

图 1-30　石墨烯在锂化过程中对体积膨胀的限制作用

随着机理的逐渐明晰，研究者认为石墨烯与过渡金属氧化物之间确实存在协同效应，并且石墨烯能显著改善过渡金属氧化物的储锂性能。从结构上看，一方面金属氧化物分散或镶嵌在石墨烯表面能够阻止石墨烯的重新堆叠，增大了石墨烯的比表面积，使其有较高的电化学活性。另一方面，石墨烯可以作为金属氧化物的载体，诱导其成核生长，形成尺寸均匀、形貌可控的纳米结构（图 1–31）[151]。二者相互作用可以形成具有良好导电网络和快速锂离子传输通道的结构。由于石墨烯的柔韧性和稳定性，石墨烯基电极材料可以被设计成各种各样的结构（图 1–32）[152]，适用于各种过渡金属氧化物。Fe_2O_3[153–154]、Mn_3O_4[155–156]、Fe_3O_4[157–158]、MnO_2[159–160]、Co_3O_4[161–162]、NiO[163–164]、SnO_2[165–166] 等与石墨烯复合被制成石墨烯复合物，获得了一定程度的性能提升。

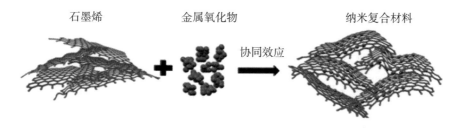

图 1–31　石墨烯和过渡金属氧化物之间的协同效应

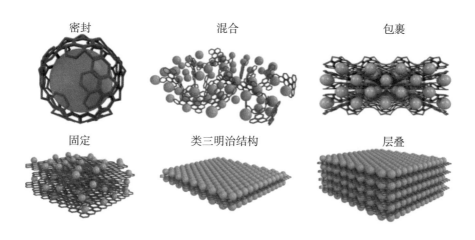

图 1–32　石墨烯复合物的结构模型

以上结构模型同样适用于其他转换反应电极材料，如硫化物、磷化物、氮化物等。其中过渡金属二硫属化合物（transition-metal dichalcogenide，TMD）是一类较为特殊的转换反应电极材料，如 MoS_2、$MoSe_2$、WS_2 等，它们具有和石墨烯类似的层状结构，其锂化反应分为两步：第一步是嵌入反应，锂离子嵌入层间；第二步是转换反应，生成相应的金属和硫化锂。以 MoS_2 为例，其锂化和脱锂反应可表示如下：

嵌入反应：

$$MoS_2 + xLi^+ + xe^- \longleftrightarrow Li_xMoS_2 \qquad （1-12）$$

转换反应：

$$Li_xMoS_2 + (4-x)Li^+ + (4-x)e^- \longleftrightarrow Mo + 2Li_2S \qquad （1-13）$$

Rana 等[167]通过 CVD 法得到了石墨烯膜，然后通过水热法在石墨烯膜上沉积了花瓣状 MoS_2 颗粒，所得复合物在 50 mA/g 电流密度下可逆比容量为 580 mAh/g。Hou 等[168]合成了 N 掺石墨烯和多孔 g-C_3N_4 支撑的 MoS_2 纳米片复合物，在 100 mA/g 电流密度下所得复合物可逆比容量为 800 mAh/g，在循环 100 周之后容量保持率为 91%。通过简单的水热法和退火处理，Ma 等[169]合成了少层 MoS_2 和石墨烯复合物（few-layer molybdenum disulfide/graphene, FL–MoS_2/G）。FL–MoS_2/G 在 100 mA/g 电流密度下的可逆比容量高达 1 200 mAh/g，且在 100 周内 FL–MoS_2/G 的比容量几乎没有衰减。单层 MoS_2 的电化学反应都发生在表面，不会受到锂离子的扩散速率的限制。但是同石墨烯一样，单层 MoS_2 也有强烈的堆叠倾向，无法稳定存在。Jiang 等[170]将单层 MoS_2 溶液和石墨烯溶液混合后制备了三维多孔且相互交联的 MoS_2–G（graphene）气凝胶（图 1–33）。这样的结构既能防止 MoS_2 和石墨烯的重新堆叠，也能增强电极反应的动力。MoS_2–G 气凝胶在 100 mA/g 电流密度下可逆比容量可达到 1 200 mAh/g，且在循环 200 周之后容量保持率为 95%。倍率性能方面，在最高电流密度 2 000 mA/g 下，MoS_2–G 气凝胶的可逆比容量依然高达 780 mAh/g，且在电流密度返回 100 mA/g 时比容量也可恢复。

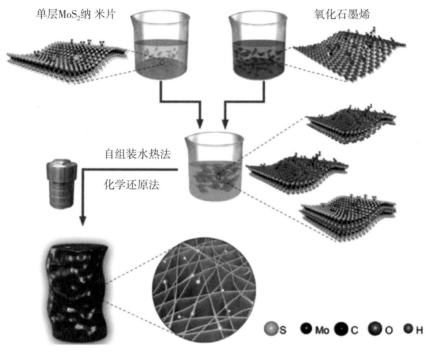

图 1-33　MoS₂-G 气凝胶的合成过程

对于其他 TMD 的情况，Shiva 等[171]通过水热法在 RGO 基底上负载了少层 WS₂（WS₂-RGO）。WS₂-RGO 在 100 mA/g 电流密度下循环 50 周之后比容量为 400 mAh/g，其性能明显优于纯 WS₂。当电流密度为 4 000 mA/g 时，复合物的比容量可稳定在 180 ~ 240 mAh/g。Liu 等[172]合成了层状堆叠的 WS₂-GO 复合物，在 100 mA/g 电流密度下循环 100 周之后其可逆比容量为 697.7 mAh/g，且该复合物具有良好的倍率性能，当电流密度从 100 mA/g 逐步增大至 2 000 mA/g 时，复合物的可逆比容量依然能达到 295.8 mAh/g。Chen 等[173]将 WS₂ 纳米管和石墨烯进行复合制备了具有类三明治结构的 WS₂-NTs/G（ nanotubes/graphene ）复合物（图 1-34）。在 1 000 mA/g 电流密度下循环 500 周之后，该复合物的比容量仍能保持在 318.6 mAh/g，循环性能十分稳定。Yao 等[174]通过水热法制备了三维的 MoSe₂/RGO 泡沫。这种 MoSe₂/RGO 泡沫表现出优异的循环性能，在 0.5 C

电流密度下循环 600 周之后，电池的比容量依然在 470 mAh/g 以上，容量损失仅为 10.9%。

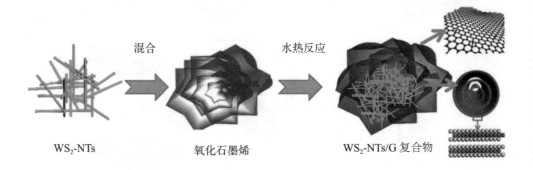

图 1-34　WS$_2$-NTs/G 复合物的制备过程

综上所述，石墨烯在复合电极材料中的优势主要体现在以下五方面：

（1）石墨烯具有良好的导电性，可以为复合材料提供导电网络；

（2）石墨烯具有超高的比表面积，能够很好地分散电极材料，防止纳米粒子的团聚；

（3）石墨烯具有良好的柔韧性和机械性能，可以为电极材料的膨胀提供缓冲层，也可以用于构建柔性电极；

（4）石墨烯可以为电极材料提供保护层，防止电极材料的流失和电解液的侵蚀；

（5）石墨烯具有较高的锂离子传导率，可以为锂离子的传导提供快速通道。

总的来说，利用石墨烯构建具有微纳结构的电极材料，能够提高锂离子电池的容量利用率、倍率性能以及循环稳定性。但是，石墨烯同样也存在一些缺点，这些缺点对提高电极材料的性能十分不利，具体如下：

（1）用于复合材料的石墨烯多是 GO 或 RGO，其表面有较多的官能团和缺陷，在首周放电时消耗锂离子，造成可逆比容量较低、库伦效率不理想；

（2）RGO 的缺陷会导致其导电性下降。石墨烯的缺点多是由表面缺陷引起的，因此减少表面缺陷，制备高质量石墨烯是解决这一问题的有效方法。作为一种构建复合电极的理想材料，石墨烯通过与电极材料间的协同效应极大地改善了复合电极的性能。要想获得更好的循环性能，必须从复合电极的结构优化和各组分比例的调整入手。

1.6　石墨烯基负极材料的结构设计

转换反应电极材料和合金化反应电极材料因为具有较大的理论比容量和合适的嵌锂电位而有望成为新一代锂离子电池的负极材料。但是它们普遍存在导电性差、体积膨胀严重等缺点，这些缺点会导致电极材料在循环过程中发生团聚、粉化，会造成容量迅速衰减、循环性能变差。通过上述文献分析可知，石墨烯的加入可以很好地改善电极材料的循环稳定性，提高倍率性能。但是常用的 RGO 因为存在较多缺陷而有首周库伦效率低、电压迟滞等问题。针对这些问题，本书以 MnO_2、Fe_3O_4、Si、MoP 为研究对象，开展了以下几个方面的工作。

（1）以 GF 为基底，通过水热法在其表面负载了交联的 MnO_2 纳米片。该方法简单、可控地实现了 MnO_2 在石墨烯表面的自组装，并形成了许多孔隙结构，这些结构可以缓冲 MnO_2 锂化过程中的体积膨胀，并提高材料整体的锂离子/电子传导率。本书通过多种表征手段对复合物的结构进行了详细表征，并考察了复合物的循环性能和倍率性能。

（2）通过超临界流体 CO_2 辅助法在 GF 上镶嵌了一层粒径均一的 Fe_3O_4 纳米粒子，该复合物中含有多级孔隙结构，这些结构有效缩短了锂离子和电子的传输路径，并增大了电极材料和电解液的接触面积。本书通过多种手段对复合物在循环过程中的性能提升进行了解释，并测试了其倍率性能。

（3）以 GF 为基底，本书涉及的研究先通过超临界流体 CO_2 辅助法在 GF 表面覆盖一层无定形 SiO_2，然后通过镁热还原法将其还原为多孔 Si，最后在 Si 纳米粒子表面原位生长石墨烯对 Si 进行封装。这种封装结构可以避免 Si 和电解液的直接接触，可以在循环过程中稳定 SEI 膜。本书研究了 Si 纳米粒子表面石墨烯的层数对其性能的影响，确定了最佳的包覆层数。

（4）本书涉及的研究用 GF 负载钼酸盐前驱体，通过在惰性气氛下磷化得到了 MoP 纳米层。MoP 纳米层与 GF 紧密贴合且具有多孔结构，该结构可以缓冲体积膨胀并提高离子传导速率。本书研究了不同磷化温度对材料组分的影响，确定了最佳磷化温度，并测试了复合物的循环性能和不同电流密度下的倍率性能。

参考文献

[1] DUNN B, KAMATH H, TARASCON J M. Electrical energy storage for the grid: A battery of choices [J]. Science, 2011, 334（6058）: 928–935.

[2] ARMAND M, TARASCON J M. Building better batteries [J]. Nature, 2008, 451（7179）: 652–657.

[3] GOODENOUGH J B, KIM Y. Challenges for rechargeable Li batteries [J]. Chem. Mater., 2010, 22（3）: 587–603.

[4] KANG B, CEDER G. Battery materials for ultrafast charging and discharging [J]. Nature, 2009, 458（7235）: 190–193.

[5] LIN D C, LIU Y Y, CUI Y. Reviving the lithium metal anode for high-energy batteries [J]. Nat. Nanotechnol., 2017, 12（3）: 194–206.

[6] BRUCE P G. Solid-state chemistry of lithium power sources [J]. Chem. Commun., 1997（19）: 1817–1824.

[7] GOODENOUGH J B, PARK K S. The Li-ion rechargeable battery: A perspective [J]. J. Am. Chem. Soc., 2013, 135（4）: 1167–1176.

[8] 彭佳悦, 祖晨曦, 李泓. 锂电池基础科学问题（I）: 化学储能电池理论能量密度的估算 [J]. 储能科学与技术, 2013, 2（1）: 55–62.

[9] MIZUSHIMA K, JONES P C, WISEMAN P J, et al. Li_xCoO_2（$0 < x < -1$）: A new cathode material for batteries of high energy density [J]. Mater. Res. Bull., 1980, 15（6）: 783–789.

[10] WHITTINGHAM M S. Lithium batteries and cathode materials [J]. Chem. Rev.,

2004, 104（10）：4271–4301.

[11] LAUBACH S, LAUBACH S, SCHMIDT P C, et al. Changes in the crystal and electronic structure of $LiCoO_2$ and $LiNiO_2$ upon Li intercalation and de-intercalation [J]. Phys. Chem. Chem. Phys., 2009, 11（17）：3278–3289.

[12] GARCIA MORENO O, ALVAREZ VEGA M, GARCIA JACA J, et al. Influence of the structure on the electrochemical performance of lithium transition metal phosphates as cathodic materials in rechargeable lithium batteries：A new high-pressure form of $LiMPO_4$（M = Fe and Ni）[J]. Chem. Mater., 2001, 13（5）：1570–1576.

[13] PALACIN M R. Recent advances in rechargeable battery materials：A chemist's perspective [J]. Chem. Soc. Rev., 2009, 38（9）：2565–2575.

[14] WINTER M, BESENHARD J O. Electrochemical lithiation of tin and tin-based intermetallics and composites [J]. Electrochim. Acta, 1999, 45（1/2）：31–50.

[15] LARCHER D, BEATTIE S, MORCRETTE M, et al. Recent findings and prospects in the field of pure metals as negative electrodes for Li-ion batteries [J]. J. Mater. Chem., 2007, 17（36）：3759–3772.

[16] BOUKAMP B A, LESH G C, HUGGINS R A. All-solid lithium electrodes with mixed-conductor matrix [J]. J. Electrochem. Soc., 1981, 128（4）：725–729.

[17] MARANCHI J P, HEPP A F, EVANS A G, et al. Interfacial properties of the a-Si/Cu：Active-inactive thin-film anode system for lithium-ion batteries [J]. J. Electrochem. Soc., 2006, 153（6）：A1246–A1253.

[18] KIM H, SEO M, PARK M H, et al. A critical size of silicon nano-anodes for lithium rechargeable batteries [J]. Angew. Chem, 2010, 49（12）：2192–2195.

[19] MAGASINSKI A, DIXON P, HERTZBERG B, et al. High-performance

lithium-ion anodes using a hierarchical bottom-up approach [J]. Nat. Mater., 2010, 9 （4）: 353–358.

[20] WANG J W, FAN F F, LIU Y, et al. Structural evolution and pulverization of tin nanoparticles during lithiation-delithiation cycling [J]. J. Electrochem. Soc., 2014, 161 （11）: F3019–F3024.

[21] CHAN C K, PENG H L, LIU G, et al. High-performance lithium battery anodes using silicon nanowires [J]. Nat. Nanotechnol., 2008, 3 （1）: 31–35.

[22] LI X L, CHO J H, Li N, et al. Carbon nanotube-enhanced growth of silicon nanowires as an anode for high-performance lithium-ion batteries [J]. Adv. Energy Mater., 2012, 2 （1）: 87–93.

[23] WU H, CHAN G, CHOI J W, et al. Stable cycling of double-walled silicon nanotube battery anodes through solid-electrolyte interphase control [J]. Nat. Nanotechnol., 2012, 7 （5）: 310–315.

[24] GRAETZ J, AHN C C, YAZAMI R, et al. Nanocrystalline and thin film germanium electrodes with high lithium capacity and high rate capabilities [J]. J. Electrochem. Soc., 2004, 151 （5）: A698–A702.

[25] WANG D W, CHANG Y L, WANG Q, et al. Surface chemistry and electrical properties of germanium nanowires [J]. J. Am. Chem. Soc., 2004, 126 （37）: 11602–11611.

[26] CHAN C K, ZHANG X F, CUI Y. High capacity Li-ion battery anodes using Ge nanowires [J]. Nano Lett., 2008, 8 （1）: 307–309.

[27] LI W H, LI M S, YANG Z Z, et al. Carbon-coated germanium nanowires on carbon nanofibers as self-supported electrodes for flexible lithium-ion batteries [J]. Small, 2015, 11 （23）: 2762–2767.

[28] KENNEDY T, MULLANE E, GEANEY H, et al. High-performance germanium nanowire-based lithium-ion battery anodes extending over 1000 cycles through in situ formation of a continuous porous network [J]. Nano Lett., 2014, 14（2）: 716-723.

[29] KARKI K, EPSTEIN E, CHO J H, et al. Lithium-assisted electrochemical welding in silicon nanowire battery electrodes [J]. Nano Lett., 2012, 12（3）: 1392-1397.

[30] COURTNEY I A, MCKINNON W R, DAHN J R. On the aggregation of tin in SnO composite glasses caused by the reversible reaction with lithium [J]. J. Electrochem. Soc., 1999, 146（1）: 59-68.

[31] LEE K L, JUNG J Y, Lee S W, et al. Electrochemical characteristics of a-Si thin film anode for Li-ion rechargeable batteries [J]. J. Power Sources, 2004, 129（2）: 270-274.

[32] ChEN L B, XIE J Y, YU H C, et al. An amorphous Si thin film anode with high capacity and long cycling life for lithium ion batteries [J]. J. Appl. Electrochem., 2009, 39（8）: 1157-1162.

[33] TAKAMURA T, OHARA S, UEHARA M, et al. A vacuum deposited Si film having a Li extraction capacity over 2000 mAh/g with a long cycle life [J]. J. Power Sources, 2004, 129（1）: 96-100.

[34] GRAETZ J, AHN C C, YAZAMI R, et al. Highly reversible lithium storage in nanostructured silicon [J]. Electrochem. Solid-State Lett., 2003, 6（9）: A194-A197.

[35] OHARA S, SUZUKI J, SEKINE K, et al. Li insertion/extraction reaction at a Si film evaporated on a Ni foil [J]. J. Power Sources, 2003, 119/121: 591-596.

[36] KIM J B, LEE H Y, LEE K S, et al. Fe/Si multi-layer thin film anodes for lithium rechargeable thin film batteries [J]. Electrochem. Commun., 2003, 5（7）: 544–548.

[37] MOON T, KIM C, PARK B. Electrochemical performance of amorphous-silicon thin films for lithium rechargeable batteries [J]. J. Power Sources, 2006, 155（2）: 391–394.

[38] TAKAMURA T, UEHARA M, SUZUKI J, et al. High capacity and long cycle life silicon anode for Li-ion battery [J]. J. Power Sources, 2006, 158（2）: 1401–1404.

[39] OHARA S, SUZUKI J, SEKINE K, et al. A thin film silicon anode for Li-ion batteries having a very large specific capacity and long cycle life [J]. J. Power Sources, 2004, 136（2）: 303–306.

[40] YOSHIO M, TSUMURA T, DIMOV N. Electrochemical behaviors of silicon based anode material [J]. J. Power Sources, 2005, 146（1/2）: 10–14.

[41] YAO Y, MCDOWELL M T, RYU I, et al. Interconnected silicon hollow nanospheres for lithium-ion battery anodes with long cycle life [J]. Nano Lett., 2011, 11（7）: 2949–2954.

[42] XIAO Q F, GU M, YANG H, et al. Inward lithium-ion breathing of hierarchically porous silicon anodes [J]. Nat. Commun., 2015, 6: 8844–8851.

[43] KIM H, HAN B, CHOO J, et al. Three-dimensional porous silicon particles for use in high-performance lithium secondary batteries [J]. Angew. Chem. Int. Ed., 2008, 47（52）: 10151–10154.

[44] WOLFENSTINE J, CAMPOS S, FOSTER D, et al. Nano-scale Cu_6Sn_5 anodes [J]. J. Power Sources, 2002, 109（1）: 230–233.

[45] WANG G X, SUN L, BRADHURST D H, et al. Innovative nanosize lithium storage alloys with silica as active centre [J]. J. Power Sources, 2000, 88（2）: 278–281.

[46] LI H, ZHU G Y, HUANG X J, et al. Synthesis and electrochemical performance of dendrite-like nanosized SnSb alloy prepared by co-precipitation in alcohol solution at low temperature [J]. J. Mater. Chem., 2000, 10（3）: 693–696.

[47] KIM H, SON Y, PARK C, et al. Germanium silicon alloy anode material capable of tunable overpotential by nanoscale Si segregation [J]. Nano Lett., 2015, 15（6）: 4135–4142.

[48] POIZOT P, LARUELLE S, GRUGEON S, et al. Nano-sized transition-metal oxides as negative-electrode materials for lithium-ion batteries [J]. Nature, 2000, 407: 496–499.

[49] CABANA J, MONCONDUIT L, LARCHER D, et al. Beyond intercalation-based Li-ion batteries: The state of the art and challenges of electrode materials reacting through conversion reactions [J]. Adv. Mater., 2010, 22（35）: E170–E192.

[50] MAHMOOD N, HOU Y. Electrode nanostructures in lithium-based batteries [J]. Adv. Sci., 2014, 1（1）: 1–20.

[51] KOKUBU T, OAKI Y, HOSONO E, et al. Biomimetic solid-solution precursors of metal carbonate for nanostructured metal oxides: MnO/Co and MnO-CoO nanostructures and their electrochemical properties [J]. Adv. Funct. Mater., 2011, 21（19）: 3673–3680.

[52] LI L, GUO Z P, DU A J, et al. Rapid microwave-assisted synthesis of Mn_3O_4-graphene nanocomposite and its lithium storage properties [J]. J. Mater. Chem., 2012, 22（8）: 3600–3605.

[53] SUN Y M, HU X L, LUO W, et al. Reconstruction of conformal nanoscale MnO on graphene as a high-capacity and long-life anode material for lithium ion batteries [J]. Adv. Funct. Mater., 2013, 23 （19）: 2436–2444.

[54] GAO J, LOWE M A, ABRUNA H D. Spongelike nanosized Mn_3O_4 as a high-capacity anode material for rechargeable lithium batteries [J]. Chem. Mater., 2011, 23 （13）: 3223–3227.

[55] LAVOIE N, MALENFANT P R L, COURTEL F M, et al. High gravimetric capacity and long cycle life in Mn_3O_4/graphene platelet/LiCMC composite lithium-ion battery anodes [J]. J. Power Sources, 2012, 213: 249–254.

[56] LOWE M A, GAO J, ABRUNA H D. In operando X-ray studies of the conversion reaction in Mn_3O_4 lithium battery anodes [J]. J. Mater. Chem. A, 2013, 1 （6）: 2094–2103.

[57] QIU Y C, XU G L, Yan K Y, et al. Morphology-conserved transformation: Synthesis of hierarchical mesoporous nanostructures of Mn_2O_3 and the nanostructural effects on Li-ion insertion/deinsertion properties [J]. J. Mater. Chem., 2011, 21 （17）: 6346–6353.

[58] FANG X P, LU X, GUO X W, et al. Electrode reactions of manganese oxides for secondary lithium batteries [J]. Electrochem. Commun., 2010, 12 （11）: 1520–1523.

[59] ChEN J B, WANG Y W, HE X M, et al. Electrochemical properties of MnO_2 nanorods as anode materials for lithium ion batteries [J]. Electrochim. Acta, 2014, 142: 152–156.

[60] POIZOT P, LARUELLE S, GRUGEON S, et al. From the vanadates to 3d-metal oxides negative electrodes [J]. Ionics, 2000, 6 （5/6）: 321–330.

[61] OBROVAC M N, DUNLAQP R A, SANDERSON R J, et al. The electrochemical displacement reaction of lithium with metal oxides [J]. J. Electrochem. Soc., 2001, 148（6）：A576-A588.

[62] DEDRYVERE R, LARUELLE S, GRUGEON S, et al. Contribution of X-ray photoelectron spectroscopy to the study of the electrochemical reactivity of CoO toward lithium [J]. Chem. Mater., 2004, 16（6）：1056–1061.

[63] DO J S, WENG C H. Preparation and characterization of CoO used as anodic material of lithium battery [J]. J. Power Sources, 2005, 146（1/2）：482–468.

[64] YU Y, CHEN C H, SHUI J L, et al. Nickel-foam-supported reticular CoO-Li$_2$O composite anode materials for lithium ion batteries [J]. Angew. Chem., 2005, 117（43）：7247–7251.

[65] DU N, ZHANG H, CHEN B D, et al. Porous Co$_3$O$_4$ nanotubes derived from Co$_4$（CO）$_{12}$ clusters on carbon nanotube templates：A highly efficient material for Li-battery applications [J]. Adv. Mater., 2007, 19（24）：4505–4509.

[66] ZHI L J, HU Y S, HAMAOUI B E, et al. Precursor-controlled formation of novel carbon/metal and carbon/metal oxide nanocomposites [J]. Adv. Mater., 2008, 20（9）：1727–1731.

[67] KANG Y M, KIM K T, KIM J H, et al. Electrochemical properties of Co$_3$O$_4$, Ni-Co$_3$O$_4$ mixture and Ni-Co$_3$O$_4$ composite as anode materials for Li ion secondary batteries [J]. J. Power Sources, 2004, 133（2）：252–259.

[68] WANG X, CHEN X Y, GAO L S, et al. One-dimensional arrays of Co$_3$O$_4$ nanoparticles：Synthesis, characterization, and optical and electrochemical properties [J]. J. Phys. Chem. B, 2004, 108（42）：16401–16404.

[69] LIU Y, ZHANG X G. Effect of calcination temperature on the morphology and

electrochemical properties of Co_3O_4 for lithium-ion battery [J]. Electrochim. Acta, 2009, 54（17）：4180–4185.

[70] LOU X W, DENG D, LEE J Y, et al. Thermal formation of mesoporous single-crystal Co_3O_4 nano-needles and their lithium storage properties [J]. J. Mater. Chem., 2008, 18（37）：4397–4401.

[71] BINOTTO G, LARCHER D, PRAKASH A S, et al. Synthesis, characterization, and Li-electrochemical performance of highly porous Co_3O_4 powders [J]. Chem. Mater., 2007, 19（12）：3032–3040.

[72] LI W Y, XU L N, CHEN J. Co_3O_4 nanomaterials in lithium-ion batteries and gas sensors [J]. Adv. Funct. Mater., 2005, 15（5）：851–857.

[73] SHAJU K M, JIAO F, DEBART A, et al. Mesoporous and nanowire Co_3O_4 as negative electrodes for rechargeable lithium batteries [J]. Phys. Chem. Chem. Phys., 2007, 9（15）：1837–1842.

[74] KANG J G, KO Y D, PARK J G, et al. Origin of capacity fading in nano-sized Co_3O_4 electrodes：Electrochemical impedance spectroscopy study [J]. Nanoscale Res. Lett., 2008, 3（10）：390–394.

[75] LUO L L, WU J S, XU J M, et al. Atomic resolution study of reversible conversion reaction in metal oxide electrodes for lithium-ion battery [J]. ACS Nano, 2014, 8（11）：11560–11566.

[76] WANGg G, LIU H, HORVAT J, et al. Highly ordered mesoporous cobalt oxide nanostructures：Synthesis, characterisation, magnetic properties, and applications for electrochemical energy devices [J]. Chemistry：A European Journal, 2010, 16（36）：11020–11027.

[77] WANG Y, XIA H, LU L, et al. Excellent performance in lithium-ion battery

anodes: Rational synthesis of Co（CO$_3$）$_{0.5}$（OH）0.11H$_2$O nanobelt array and its conversion into mesoporous and single-crystal Co$_3$O$_4$ [J]. ACS Nano, 2010, 4（3）: 1425–1432.

[78] LI Y G, TAN B, WU Y Y. Mesoporous Co$_3$O$_4$ nanowire arrays for lithium ion batteries with high capacity and rate capability [J]. Nano Lett., 2008, 8（1）: 265–270.

[79] NAM K T, KIM D W, YOO P J, et al. Belcher A M. Virus-enabled synthesis and assembly of nanowires for lithium-ion battery electrodes [J]. Science, 2006, 312（5775）: 885–888.

[80] LOU X W, DENG D, LEE J Y, et al. Self-supported formation of needlelike Co$_3$O$_4$ nanotubes and their application as lithium-ion battery electrodes [J]. Adv. Mater., 2008, 20（2）: 258–262.

[81] SUN H T, XIN G Q, HU T, et al. High-rate lithiation-induced reactivation of mesoporous hollow spheres for long-lived lithium-ion batteries [J]. Nat. Commun., 2014, 5: 4526–4533.

[82] WANG J Y, YANG N L, TANG H J, et al. Accurate control of multishelled Co$_3$O$_4$ hollow microspheres as high-performance anode materials in lithium-ion batteries [J]. Angew. Chem. Int. Ed., 2013, 52（25）: 6417–6420.

[83] KIM Y, LEE J H, CHO S, et al. Additive-free hollow-structured Co$_3$O$_4$ nanoparticle Li-ion battery: The origins of irreversible capacity loss [J]. ACS Nano, 2014, 8（7）: 6701–6712.

[84] ZHAN F M, GENG B Y, GUO Y J. Porous Co$_3$O$_4$ nanosheets with extraordinarily high discharge capacity for lithium batteries [J]. Chem.Eur.J., 2009, 15（25）: 6169–6174.

[85] XU M, WANG F, ZhAO M S, et al. Molten hydroxides synthesis of hierarchical cobalt oxide nanostructure and its application as anode material for lithium-ion batteries [J]. Electrochim. Acta, 2011, 56（13）: 4876–4881.

[86] CHANDRASEKAR M S, MITRA S. Thin copper phosphide films as conversion anode for lithium-ion battery applications [J]. Electrochim. Acta, 2013, 92: 47–54.

[87] VILLEVIEILLE C, ROBERT F, TABERNA P L, et al. The good reactivity of lithium with nanostructured copper phosphide [J]. J. Mater. Chem., 2008, 18 （48）: 5956–5960.

[88] KIM Y, HWANG H, YOON C S, et al. Reversible lithium intercalation in teardrop-shaped ultrafine $SnP_{0.94}$ particles: An anode material for lithium-ion batteries [J]. Adv. Mater., 2007, 19（1）: 92–96.

[89] HALL J W, MEMBRENO N, WU J, et al. Low-temperature synthesis of amorphous FeP_2 and its use as anodes for Li ion batteries [J]. J. Am. Chem. Soc., 2012, 134（12）: 5532–5535.

[90] DING S J, CHEN J S, LOU X W. One-dimensional hierarchical structures composed of novel metal oxide nanosheets on a carbon nanotube backbone and their lithium-storage properties [J]. Adv. Funct. Mater., 2011, 21（21）: 4120–4125.

[91] CHEN Y M, YU L, LOU X W. Hierarchical tubular structures composed of Co_3O_4 hollow nanoparticles and carbon nanotubes for lithium storage [J]. Angew. Chem. Int. Ed., 2016, 128（20）: 6094–6097.

[92] LIU Y P, HE X Y, HANLON D, et al. Electrical, mechanical, and capacity percolation leads to high-performance MoS_2/nanotube composite lithium-ion battery electrodes [J]. ACS Nano, 2016, 10（6）: 5980–5990.

[93] ZHANG W M, WU X L, HU J S, et al. Carbon coated Fe_3O_4 nanospindles as a superior anode material for lithium batteries [J]. Adv. Funct. Mater., 2008, 18（24）: 3941–3946.

[94] WANG Y, ZHANG H J, LU L, et al. Designed functional systems from peapod-like Co@carbon to Co_3O_4@carbon nanocomposites [J]. ACS Nano, 2010, 4（8）: 4753–4761.

[95] SUN X R, ZHANG H W, ZHOU L, et al. Polypyrrole-coated zinc ferrite hollow spheres with improved cycling stability for lithium-ion batteries [J]. Small, 2016, 12（27）: 3732–3737.

[96] GUO C X, WANG M, CHEN T, et al. A hierarchically nanostructured composite of MnO_2/conjugated polymer/graphene for high-performance lithium-ion batteries [J]. Adv. Energy Mater., 2011, 1（5）: 736–741.

[97] GEIM A K, NOVOSELOV K S. The rise of graphene [J]. Nat. Mater., 2007, 6（3）: 183–191.

[98] GEIM A K. Graphene: Status and prospects [J]. Science, 2009, 324（5934）: 1493–1497.

[99] RAO C N R, SOOD A K, SUBRAHMANYAM K S, et al. Graphene: The new two-dimensional nanomaterial [J]. Angew. Chem. Int. Ed., 2009, 48（42）: 7752–7777.

[100] CHANG H X, WU H K. Graphene-based nanomaterials: Synthesis, properties, and optical and optoelectronic applications [J]. Adv. Funct. Mater., 2013, 23（16）: 1984–1997.

[101] NOVOSELOV K S, GEIM A K, MOROZOV S V, et al. Electric field effect in atomically thin carbon films [J]. Science, 2004, 306（5696）: 666–669.

[102] NOVOSELOV K S, GEIM A K, MOROZOV S V, et al. Two-dimensional gas of massless dirac fermions in graphene [J]. Nature, 2005, 438 （7065）: 197–200.

[103] NOVOSELOV K S, MOROZOV S V, MOHINDDIN T M G, et al. Electronic properties of graphene [J]. Phys. Stat. Sol. B, 2007, 244 （11）: 4106–4111.

[104] ZHANG Y B, TAN Y W, STORMER H L, et al. Experimental observation of the quantum hall effect and Berry's phase in graphene [J]. Nature, 2005, 438 （7065）: 201–204.

[105] KOPELEVICH Y, ESQUINAZI P. Graphene physics in graphite [J]. Adv. Mater., 2007, 19 （24）: 4559–4563.

[106] ZHU Y W, MURALI S, CAI W W, et al. Graphene and graphene oxide: Synthesis, properties, and applications [J]. Adv. Mater., 2010, 22 （35）: 3906–3924.

[107] LEE C, WEI X D, KYSAR J W, et al. Measurement of the elastic properties and intrinsic strength of monolayer graphene [J]. Science, 2008, 321 （5887）: 385–388.

[108] MASARAPU C, SUBRAMANIAN V, ZHU H, et al. Long-cycle electrochemical behavior of multiwall carbon nanotubes synthesized on stainless steel in Li-ion batteries [J]. Adv. Funct. Mater., 2009, 19 （7）: 1008–1014.

[109] KIM C, YANG K S, KOJIMA M, et al. Fabrication of electrospinning-derived carbon nanofiber webs for the anode material of lithium-ion secondary batteries [J]. Adv. Funct. Mater., 2006, 16 （18）: 2393–2397.

[110] LI H Q, LIU R L, ZHAO D Y, et al. Electrochemical properties of an ordered mesoporous carbon prepared by direct tri-constituent co-assembly [J]. Carbon, 2007, 45 （13）: 2628–2635.

[111] HU Y S, ADELHELM P, SMARSLY B M, et al. Synthesis of hierarchically porous carbon monoliths with highly ordered microstructure and their application in rechargeable lithium batteries with high-rate capability [J]. Adv. Funct. Mater., 2007, 17（12）：1873–1878.

[112] MABUCHI A, TOKUMITSU K, FUJIMOTO H, et al. Charge-discharge characteristics of the mesocarbon miocrobeads heat-treated at different temperatures [J]. J. Electrochem. Soc., 1995, 142（4）：1041–1046.

[113] DAHN J R, ZHENG T, LIU Y, et al. Mechanisms for lithium insertion in carbonaceous materials [J]. Science, 1995, 270（5236）：590–593.

[114] YOO E, KIM J, HOSONO E, et al. Large reversible Li storage of graphene nanosheet families for use in rechargeable lithium-ion batteries [J]. Nano Lett., 2008, 8（8）：2277–2282.

[115] WANG G X, SHEN X P, YAO J, et al. Graphene nanosheets for enhanced lithium storage in lithium-ion batteries [J]. Carbon, 2009, 47（8）：2049–2053.

[116] GUO P, SONG H H, CHEN X H. Electrochemical performance of graphene nanosheets as anode material for lithium-ion batteries [J]. Electrochem. Commun., 2009, 11（6）：1320–1324.

[117] LIAN P C, ZHU X F, LIANG S Z, et al. Large reversible capacity of high quality graphene sheets as an anode material for lithium-ion batteries [J]. Electrochim. Acta, 2010, 55（12）：3909–3914.

[118] XIANG H F, LI Z D, XIE K, et al. Graphene sheets as anode materials for Li-ion batteries：Preparation, structure, electrochemical properties and mechanism for lithium storage [J]. RSC Advances, 2012, 2（17）：6792–6799.

[119] XU Y, LIN Z, ZHONG X, et al. Solvated graphene frameworks as high-performance anodes for lithium-ion batteries [J]. Angew. Chem. Int. Ed., 2015, 54（18）：5345–5350.

[120] CHENG Y, CHEN Z, WU H, et al. Ionic liquid-assisted synthesis of TiO_2-carbon hybrid nanostructures for lithium-ion batteries [J]. Adv. Funct. Mater., 2016, 26（9）：1338–1346.

[121] LEE G H, LEE J W, CHOI J I, et al. Ultrafast discharge/charge rate and robust cycle life for high-performance energy storage using ultrafine nanocrystals on the binder-free porous graphene foam [J]. Adv. Funct. Mater., 2016, 26（28）：5139–5148.

[122] LI N, CHEN Z P, REN W C, et al. Flexible graphene-based lithium ion batteries with ultrafast charge and discharge rates [J]. Proc. Natl. Acad. Sci. USA, 2012, 109（43）：17360–17365.

[123] LIU X H, ZHANG J, SI W P, et al. Sandwich nanoarchitecture of Si/reduced graphene oxide bilayer nanomembranes for Li-ion batteries with long cycle life [J]. ACS Nano, 2015, 9（2）：1198–1205.

[124] JING S L, JIANG H, HU Y J, et al. Face-to-face contact and open-void coinvolved Si/C nanohybrids lithium-ion battery anodes with extremely long cycle life [J]. Adv. Funct. Mater., 2015, 25（33）：5395–5401.

[125] CHOI S H, JUNG D S, CHOI J W, et al. Superior lithium-ion storage properties of Si-based composite powders with unique Si@carbon@void@graphene configuration [J]. Chemistry: A European Journal, 2015, 21（5）：2076–2082.

[126] WANG B, LI X L, LUO B, et al. One-dimensional/two-dimensional hybridization for self-supported binder-free silicon-based lithium ion battery anodes [J]. Nanoscale, 2013, 5（4）：1470–1474.

[127] WANG B, LI X L, ZHANG X F, et al. Adaptable silicon-carbon nanocables sandwiched between reduced graphene oxide sheets as lithium-ion battery anodes [J]. ACS Nano, 2013, 7（2）: 1437–1445.

[128] ZHOU X S, YIN Y X, WAN L J, et al. Self-assembled nanocomposite of silicon nanoparticles encapsulated in graphene through electrostatic attraction for lithium-ion batteries [J]. Adv. Energy Mater., 2012, 2（9）: 1086–1090.

[129] JI J Y, JI H X, ZHANG L L, et al. Graphene-encapsulated Si on ultrathin-graphite foam as anode for high capacity lithium-ion batteries [J]. Adv. Mater., 2013, 25（33）: 4673–4679.

[130] CHANG J B, HUANG X K, ZHOU G H, et al. Multilayered Si nanoparticle/reduced graphene oxide hybrid as a high-performance lithium-ion battery anode [J]. Adv. Mater., 2014, 26（5）: 758–764.

[131] MCDOWELL M T, LEE S W, RYU I, et al. Novel size and surface oxide effects in silicon nanowires as lithium battery anodes [J]. Nano Lett., 2011, 11（9）: 4018–4025.

[132] RYU I, CHOI J W, CUI Y, et al. Size-dependent fracture of Si nanowire battery anodes [J]. J. Mech. Phys. Solids, 2011, 59（9）: 1717–1730.

[133] LIU X H, ZHONG L, HUANG S, et al. Size-dependent fracture of silicon nanoparticles during lithiation [J]. ACS Nano, 2012, 6（2）: 1522–1531.

[134] MCDOWELL M T, LEE S W, HARRIS J T, et al. In situ tem of two-phase lithiation of amorphous silicon nanospheres [J]. Nano Lett., 2013, 13（2）: 758–764.

[135] LI X L, GU M, HU S Y, et al. Mesoporous silicon sponge as an anti-pulverization structure for high-performance lithium-ion battery anodes [J]. Nat.

Commun., 2014, 5: 4105.

[136] WANG B, LI X L, QIU T F, et al. High volumetric capacity silicon-based lithium battery anodes by nanoscale system engineering [J]. Nano Lett., 2013, 13 (11): 5578–5584.

[137] KO M, CHAE S, JEONG S, et al. Elastic a-silicon nanoparticle backboned graphene hybrid as a self-compacting anode for high-rate lithium-ion batteries [J]. ACS Nano, 2014, 8 (8): 8591–8601.

[138] WANG B, LI X L, LUO B, et al. Approaching the downsizing limit of silicon for surface-controlled lithium storage [J]. Adv. Mater., 2015, 27 (9): 1526–1532.

[139] LIAN P C, WANG J Y, CAI D D, et al. Design and synthesis of porous nano-sized Sn@C/graphene electrode material with 3D carbon network for high-performance lithium-ion batteries [J]. J. Alloys Compd., 2014, 604: 188–195.

[140] ZHOU X Y, ZOU Y L, YANG J. Periodic structures of Sn self-inserted between graphene interlayers as anodes for Li-ion battery [J]. J. Power Sources, 2014, 253: 287–293.

[141] BECK F R, EPUR R, HONG D, et al. Microwave derived facile approach to Sn/graphene composite anodes for lithium-ion batteries [J]. Electrochim. Acta, 2014, 127: 299–306.

[142] JI L W, TAN Z K, KUYKENDALL T, et al. Multilayer nanoassembly of Sn-nanopillar arrays sandwiched between graphene layers for high-capacity lithium storage [J]. Energy Environ. Sci., 2011, 4 (9): 3611–3616.

[143] QIN J, HE C N, ZHAO N Q, et al. Graphene networks anchored with Sn@ graphene as lithium-ion battery anode [J]. ACS Nano, 2014, 8 (2): 1728–

1738.

[144] LI N, SONG H W, CUI H, et al. Sn@graphene grown on vertically aligned graphene for high-capacity, high-rate, and long-life lithium storage [J]. Nano Energy, 2014, 3：102–112.

[145] ZHANG Y D, XIE J, ZHU T J, et al. Activation of electrochemical lithium and sodium storage of nanocrystalline antimony by anchoring on graphene via a facile in situ solvothermal route [J]. J. Power Sources, 2014, 247：204–212.

[146] SONG H W, CUI H, WANG C X. Abnormal cyclibility in Ni@graphene core-shell and yolk-shell nanostructures for lithium ion battery anodes [J]. ACS Appl. Mater. Interfaces, 2014, 6（16）：13765–13769.

[147] YUAN F W, TUAN H Y. Scalable solution-grown high-germanium-nanoparticle-loading graphene nanocomposites as high-performance lithium-ion battery electrodes：An example of a graphene-based platform toward practical full-cell applications [J]. Chem. Mater., 2014, 26（6）：2172–2179.

[148] WU Z S, REN W C, WEN L, et al. Graphene anchored with Co_3O_4 nanoparticles as anode of lithium ion batteries with enhanced reversible capacity and cyclic performance [J]. ACS Nano, 2010, 4（6）：3187–3194.

[149] ZHOU G M, WANG D W, YIN L C, et al. Oxygen bridges between NiO nanosheets and graphene for improvement of lithium storage [J]. ACS Nano, 2012, 6（4）：3214–3223.

[150] SHAN X Y, ZHOU G M, YIN L C, et al. Visualizing the roles of graphene for excellent lithium storage [J]. J. Mater. Chem. A, 2014, 2（42）：17808–17814.

[151] WU Z S, ZHOU G M, YIN L C, et al. Graphene/metal oxide composite electrode materials for energy storage [J]. Nano Energy, 2012, 1（1）：107–131.

[152] RACCICHINI R, VARZI A, PASSERINI S, et al. The role of graphene for electrochemical energy storage [J]. Nat. Mater., 2015, 14（3）：271–279.

[153] ZHU X J, ZHU Y W, MURALI S, et al. Nanostructured reduced graphene oxide/ Fe$_2$O$_3$ composite as a high-performance anode material for lithium-ion batteries [J]. ACS Nano, 2011, 5（4）：3333–3338.

[154] ZHOU W W, ZHU J X, CHENG C W, et al. A general strategy toward graphene@metal oxide core-shell nanostructures for high-performance lithium storage [J]. Energy Environ. Sci., 2011, 4（12）：4954–4961.

[155] WANG H L, CUI L F, YANG Y, et al. Mn$_3$O$_4$-graphene hybrid as a high-capacity anode material for lithium-ion batteries [J]. J. Am. Chem. Soc., 2010, 132（40）：13978–13980.

[156] WANG J G, JIN D D, ZHOU R, et al. Highly flexible graphene/ Mn$_3$O$_4$ nanocomposite membrane as advanced anodes for Li-ion batteries [J]. ACS Nano, 2016, 10（6）：6227–6234.

[157] LUO J S, LIU J L, ZENG Z Y, et al. Three-dimensional graphene foam supported Fe$_3$O$_4$ lithium battery anodes with long cycle life and high rate capability [J]. Nano Lett., 2013, 13（12）：6136–6143.

[158] ZHOU G M, WANG D W, LI F, et al. Graphene-wrapped Fe$_3$O$_4$ anode material with improved reversible capacity and cyclic stability for lithium-ion batteries [J]. Chem. Mater., 2010, 22（18）：5306–5313.

[159] LI L, RAJI A R O, TOUR J M. Graphene-wrapped MnO$_2$-graphene nanoribbons as anode materials for high-performance lithium-ion batteries [J]. Adv. Mater., 2013, 25（43）：6298–6302.

[160] LI Y Y, ZHANG Q W, ZHU J L, et al. An extremely stable MnO$_2$ anode

incorporated with 3D porous graphene-like networks for lithium-ion batteries [J]. J. Mater. Chem. A, 2014, 2（9）：3163–3168.

[161] KIM H, SEO D H, KIM S W, et al. Highly reversible Co_3O_4/graphene hybrid anode for lithium rechargeable batteries [J]. Carbon, 2011, 49（1）：326–332.

[162] YANG S B, FENG X L, IVANOVICI S, et al. Fabrication of graphene-encapsulated oxide nanoparticles：Towards high-performance anode materials for lithium storage [J]. Angew. Chem. Int. Ed., 2010, 49（45）：8408–8411.

[163] KOTTEGODA I R M, IDRIS N H, LU L, et al. Synthesis and characterization of graphene-nickel oxide nanostructures for fast charge-discharge application [J]. Electrochim. Acta, 2011, 56（16）：5815–5822.

[164] ZOU Y Q, WANG Y. NiO nanosheets grown on graphene nanosheets as superior anode materials for Li-ion batteries [J]. Nanoscale, 2011, 3（6）：2615–2620.

[165] PAEK S M, YOO E J, HONMA I. Enhanced cyclic performance and lithium storage capacity of SnO_2/graphene nanoporous electrodes with three-dimensionally delaminated flexible structure [J]. Nano Lett., 2009, 9（1）：72–75.

[166] KIM H, KIM S W, PARK Y U, et al. SnO_2/graphene composite with high lithium storage capability for lithium rechargeable batteries [J]. Nano Research, 2010, 3（11）：813–821.

[167] RANA K, SINGH J, LEE J T, et al. Highly conductive freestanding graphene films as anode current collectors for flexible lithium-ion batteries [J]. ACS Appl. Mater. Interfaces, 2014, 6（14）：11158–11166.

[168] HOU Y, LI J Y, WEN Z H, et al. N-doped graphene/porous g-C_3N_4 nanosheets supported layered-MoS_2 hybrid as robust anode materials for lithium-ion

batteries [J]. Nano Energy, 2014, 8：157–164.

[169] MA L, HUANG G C, CHEN W X, et al. Cationic surfactant-assisted hydrothermal synthesis of few-layer molybdenum disulfide/graphene composites：Microstructure and electrochemical lithium storage [J]. J. Power Sources, 2014, 264：262–271.

[170] JIANG L F, LIN B H, LI X M, et al. Monolayer MoS_2-graphene hybrid aerogels with controllable porosity for lithium-ion batteries with high reversible capacity [J]. ACS Appl. Mater. Interfaces, 2016, 8（4）：2680–2687.

[171] SHIVA K, RAMAKRISHNA MATTE H S S, et al. Employing synergistic interactions between few-layer WS_2 and reduced graphene oxide to improve lithium storage, cyclability and rate capability of Li-ion batteries [J]. Nano Energy, 2013, 2（5）：787–793.

[172] LIU Y, WANG W, WANG Y W, et al. Homogeneously assembling like-charged WS_2 and GO nanosheets lamellar composite films by filtration for highly efficient lithium-ion batteries [J]. Nano Energy, 2014, 7：25–32.

[173] CHEN R J, ZHAO T, WU W P, et al. Free-standing hierarchically sandwich-type tungsten disulfide nanotubes/graphene anode for lithium-ion batteries [J]. Nano Lett., 2014, 14（10）：5899–5904.

[174] YAO J, LIU B, OZDEN S, et al. 3D nanostructured molybdenum diselenide/graphene foam as anodes for long-cycle life lithium-ion batteries [J]. Electrochim. Acta, 2015, 176：103–111.

2　实验试剂和材料、仪器的表征方法

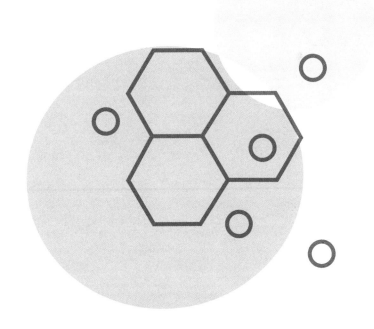

2.1 实验试剂和材料、仪器

本书用到的实验试剂和材料、仪器分别如表 2–1、表 2–2 所示。

表2–1　试剂和材料

试剂和材料	规格	生产厂家
镍泡沫（Ni）	孔隙率：≥95%	爱蓝天高新技术材料（大连）有限公司
硝酸（HNO_3）	AR	国药集团化学试剂有限公司
高锰酸钾（$KMnO_4$）	AR	国药集团化学试剂有限公司
九水合硝酸铁 [$Fe（NO_3）_3·9H_2O$]	AR	国药集团化学试剂有限公司
一水合硫酸锰（$MnSO_4·H_2O$）	AR	国药集团化学试剂有限公司
钼酸铵 [$（NH_4）_2MoO_4$]	AR	国药集团化学试剂有限公司
次磷酸钠（NaH_2PO_2）	AR	国药集团化学试剂有限公司
盐酸（HCl）	AR	国药集团化学试剂有限公司
正硅酸乙酯 [$Si（OC_2H_5）_4$]	AR	国药集团化学试剂有限公司
乙酸（CH_3COOH）	AR	国药集团化学试剂有限公司
乙醇（C_2H_6O）	AR	国药集团化学试剂有限公司
高纯氩气（Ar）	≥99.999%	武汉市明辉气体科技有限公司
甲烷（CH_4）	≥99.999%	武汉市明辉气体科技有限公司
二氧化碳（CO_2）	≥99.999%	武汉市明辉气体科技有限公司
乙炔（C_2H_2）	≥99.999%	武汉市明辉气体科技有限公司
镁带（Mg）	AR	国药集团化学试剂有限公司

续　表

试剂和材料	规格	生产厂家
氢气（H_2）	≥ 99.999%	四川天一科技股份有限公司
锂片（Li）	电池级	江西赣峰锂业集团股份有限公司
电解液 $LiPF_6/EC–DEC$（7:3 v/v）1 M	电池级	广州天赐高新材料股份有限公司
扣式电池壳	CR2016	深圳市微锋电子有限公司

注：AR（analytical reagent）表示分析纯试剂；DEC（diethyl carbonate）为碳酸二乙酯。

表2-2　仪器

仪器名称	规格型号	生产厂家
化学气相沉积系统	Lindberg/ Blue M	赛默飞世尔科技公司
超临界流体反应系统	2ZB-2L20A	北京卫星制造厂
真空干燥箱	DZF-6020	上海一恒科学仪器有限公司
手套箱	Super（1220/750）	米开罗那机电技术有限公司
扣式电池封口机	MSK-110	美国 MTI 公司
蓝电电池测试系统	LAND/2001A	武汉市金诺电子有限公司
拉曼光谱仪	Reinshaw inVia	英国 Reinshaw 公司
SEM	Quanta-200	美国 FEI 公司
TEM	JEOL JEM-2010F	日本电子株式会社
X 射线衍射仪	D8 Advance	德国 Bruker 公司
电化学工作站	CHI660E	上海辰华仪器有限公司
热重分析仪	TGA Q600	美国 TA Instruments 公司

2.2 材料的结构和物性表征

2.2.1 拉曼光谱表征

拉曼光谱是一种基于单色光的散射光谱，用来研究分子与光相互作用产生的散射光的频率变化，可以获得样品的分子振动、转动以及其他低频信息，是分子振动能级的指纹光谱，可用于定性和结构分析 [1]。只有几个原子层厚度的石墨烯难以进行光学定位，而拉曼光谱可以很好地反映石墨烯内的分子振动信息，可用于检测石墨烯的层数和缺陷，是获取石墨烯结构信息的快速可靠的工具 [2-3]。

2.2.2 XRD（X 射线衍射）表征

石墨烯和石墨烯上负载的电极材料具有良好的结晶性，因此 XRD 可以用来分析所得复合物的物相和结构信息。对所得复合材料进行 X 射线衍射，可以获得相关组分的衍射图谱。材料中特定的晶面符合衍射条件时会产生相应的衍射峰，它通过与标准 PDF 卡片匹配可以获得相关物相的结构信息 [4]。所用仪器为 Cu 靶、Ni 滤波片、石墨单色器。测试步骤如下：将石墨烯复合物放在玻璃板上，轻轻压平，然后置于衍射仪测试台上进行测试。扫描范围为 10° ～ 80°，扫描速度为 4°/min。

2.2.3 XPS（X 射线光电子能谱）表征

XPS 是一种基于光电效应的电子能谱，它利用 X 射线光子来激发材料表面原子的内层电子（光电子），通过分析光电子的能量来获取物质的表面元素的价态等相关信息 [5]。除此之外，XPS 还能够获取材料表面的元素组成和含量，以及分子结构和化学键信息。

2.2.4　SEM 表征

SEM 是一种利用电子束轰击样品表面，通过收集二次电子、背散射电子等信息来对样品的表面进行观察和分析的表征手段 [6]，是纳米材料形貌表征的常用方法之一。SEM 具有高分辨率、大景深、高倍率和易于使用等优点，可以直接得到样品的晶粒形貌、晶粒大小、覆盖范围、成核密度等信息。SEM 通常还配有能量色散 X 射线分析（energy-dispersive X-ray analysis, EDX），可对样品进行元素分布分析。

2.2.5　TEM 表征

TEM 是一种以高能电子束为光源，具有原子尺度的分辨能力，同时可以提供物理分析和化学分析所需全部功能的仪器 [7]。TEM 是表征纳米材料形貌和结构的有效手段，可以实现原子级至微米级分辨的样品分析。TEM 的选区电子衍射（selected area electron diffraction, SAED）还可以将选择区域的形貌与电子衍射结合起来进行分析，可以原位实现纳米材料的形貌与晶体学特性分析。

样品制备过程如下：取少量石墨烯复合物放入适量乙醇中，利用超声将石墨烯复合物打碎分散，再加入乙醇进行适当稀释，用移液枪取少量溶液滴加在覆盖有碳膜的铜网上，待溶剂挥发后再次滴加，如是三次。

2.2.6　热重分析（thermogravimetric analysis, TGA）表征

TGA 是一种在程序控制温度条件下，检测温度与物质质量变化关系的表征方法 [8]。TGA 可以用来检测物质在受热过程中的物理变化和化学变化

过程，如二级相变、物质分解等。石墨烯在空气中、高温条件下会发生分解，利用 TGA 可以分析石墨烯复合物的物质组成以及各组分载量。

2.3 材料的电化学性能表征

2.3.1 电极材料制备

本书涉及的实验以自支撑的 GF 为基底制备的复合物可以直接作为负极材料，无须交联剂和导电添加剂，也无须集流体。

为了与石墨烯复合物进行对比，作者也制备了粉体电极，具体过程如下：将电极材料、导电乙炔黑和聚偏二氟乙烯（poly vinylidene fluoride, PVDF）按一定质量比进行混合，加入 N– 甲基吡咯烷酮（N-methyl pyrrolidone, NMP），混合制成浆体，用涂膜器将其均匀涂覆在铜箔上，在真空干燥箱中 60 ℃烘干 12h 以上，使用切片机将烘干后的极片切成直径约 1 cm 的小圆片，以用于电池负极。

2.3.2 扣式电池组装

扣式电池的装配是在充满氩气（Ar）的手套箱中进行的。以石墨烯复合物为负极，锂片为对电极，1.0 mol/L LiPF$_6$ 及碳酸乙烯酯（EC）、碳酸二乙酯（DEC）的混合溶液为电解质，聚丙烯微孔滤膜（Celgard 2400）为隔膜，组装成 2016 扣式电池。

2.3.3　恒流充放电测试

将装配好的扣式电池接在蓝电电池测试系统上进行恒流充放电测试，设置电压为 0.01 ～ 3 V，根据具体情况设置电流密度，记录电池的充放电曲线。人们通过充放电曲线可以得到电池的充放电性能、库伦效率、循环寿命、倍率性能等信息。

2.3.4　循环伏安（cyclic voltammetry, CV）扫描

CV 法是一种基本的电化学测试方法，通过在工作电极上施加脉冲电压，得到氧化还原电流。CV 扫描可以获得电化学反应相关机理、电极过程动力参数等信息 [9]。对氧化还原电流峰位的分析可以将反应过程具体化，从而推测电极反应的机理。本书中的 CV 扫描采用三电极体系，工作电极为实验中制备的石墨烯复合材料，电压区间为 0.01 ～ 3 V。CV 扫描通过设置合适的扫描速度进行测试。

2.3.5　电化学阻抗谱（electrochemical impedance spectroscopy, EIS）测试

EIS 测试以小振幅的正弦波电位为扰动信号作用于电极材料，可以获得电极系统的响应和扰动信号之间的数学关系 [10]。经过一系列数据处理，作者不仅可以得到电极阻抗等相关信息，还可以分析得到电极的相关动力学参数（比如扩散传质过程参数）。因为 EIS 是在频率参数方面进行调整的，因此测量范围十分宽，相较于其他电化学表征方法，EIS 可以获得更为丰富的信息。本书中 EIS 测试的频率范围为 0.01 ～ 100 kHz，工作电极为石墨烯复合材料，参比电极和对电极都是锂片。

参考文献

[1] 杨序纲, 吴琪琳. 拉曼光谱的分析与应用 [M]. 北京: 国防工业出版社, 2008.

[2] MALARD L M, PIMENTA M A, DRESSELHAUS G, et al. Raman spectroscopy in graphene [J]. Phys. Rep., 2009, 473（5/6）: 51–87.

[3] CANCADO L G, PIMENTA M A, NEVES B R, et al. Influence of the atomic structure on the raman spectra of graphite edges [J]. Phys. Rev. Lett., 2004, 93 （24）: 247401.

[4] 黄继武, 李周. 多晶材料 X 射线衍射: 实验原理、方法与应用 [M]. 2 版. 北京: 冶金工业出版社, 2021.

[5] 文美兰. X 射线光电子能谱的应用介绍 [J]. 化工时刊, 2006, 20（8）: 54–56.

[6] 章晓中. 电子显微分析 [M]. 北京: 清华大学出版社, 2006.

[7] 戎咏华. 分析电子显微学导论 [M]. 北京: 高等教育出版社, 2006.

[8] 蔡正千. 热分析 [M]. 北京: 高等教育出版社, 1993.

[9] 武汉大学. 分析化学: 下册 [M]. 5 版. 北京: 高等教育出版社, 2007.

[10] 史美伦. 交流阻抗谱原理及应用 [M]. 北京: 国防工业出版社, 2001.

3 MnO$_2$@GF 复合物的制备及性能研究

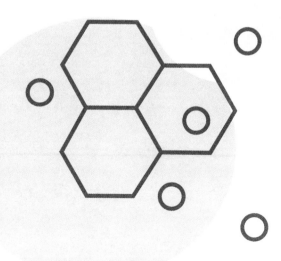

3.1　引言

MnO₂ 的理论比容量高达 1 230 mAh/g，MnO₂ 自然储量丰富，且对环境没有污染，是一种十分有发展潜力的锂离子电池负极材料 [1-2]。但是 MnO₂ 导电性较差，且在充放电过程中会发生较大的体积变化，这使其循环性能很差 [3]。鉴于此，本书以 GF 为基底，通过水热法在 GF 表面生长了具有纳米结构的 MnO₂。在这个结构中 GF 既是负载 MnO₂ 纳米结构的三维骨架，也是导电基底，能够提供电子传输的三维网络。纳米结构可以在一定程度上缓冲体积膨胀，以 GF 为基底可以有效分散纳米材料，防止其在充放电过程中发生团聚。GF 较好的机械性能和柔韧性能释放体积变化带来的应力，还能在循环过程中保持电极结构的稳定和导电网络的完整，以达到较好的循环性能。原位生长的 MnO₂ 纳米结构和 GF 表面存在较强的相互作用，这使它们能够保持良好的电接触，并为电子提供了高速传导通道。纳米结构本身能够缩短锂离子和电子的传输路径，而 GF 也能提高锂离子的传导速率，因而 MnO₂ 的倍率性能可以改善。

3.2　制备方法

3.2.1　GF 的制备

本书采用 CVD 法制备 GF，具体的过程如下：将厚度为 1.65 mm 的镍泡沫凿成直径为 12 mm 的小圆片，取 4 ～ 6 片放入石英舟中；将石英舟放入石英管中，将石英管推入 CVD 系统的加热区，通入氩气（Ar）和氢气（H₂），按照设定升温程序对其进行加热，GF 的具体升温过程及气体参数如图 3-1 所示。

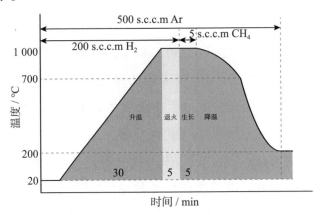

图 3-1　GF 的具体升温过程及气体参数

将浓硝酸和水按体积比 10 ∶ 1 配制成稀硝酸溶液，然后将生长了石墨烯的镍泡沫放入其中进行刻蚀。待镍泡沫被完全刻蚀后，即可得到 GF，将 GF 用超纯水浸洗 5 次，乙醇浸洗 1 次，然后放入真空干燥箱 60℃下烘干备用。

3.2.2　MnO₂@GF 复合物的制备

按照一定的化学计量比称取 KMnO₄ 和 MnSO₄·H₂O，将其先后溶于 20 mL 超纯水中，然后将所得溶液转移至反应釜，在烘箱中加热至 140℃，反应 12 h。反应结束后取出 GF，大家可以观察到其表面覆盖有褐色物质。用超纯水洗去 GF 表面没有紧密结合的 MnO₂，然后将其放入真空干燥箱，在 90℃下干燥 6 h，得到最终的 MnO₂@GF 复合物。

为了与石墨烯复合物进行性能对比，作者也制备了没有石墨烯的纯 MnO₂ 纳米材料。除了没有加入 GF 之外，其他制备条件都与石墨烯复合物的相同。

3.3　结果分析

3.3.1　GF

3.3.1.1　结构分析

图 3-2（a）是 GF 的拉曼光谱，其中位于 1 580 cm^{-1} 的峰为石墨烯的 G 峰，位于 1 350 cm^{-1} 的峰是代表石墨烯缺陷的 D 峰，位于 2 720 cm^{-1} 的峰为 2D 峰[4-5]。G 峰源于碳链和碳环中 sp^2 原子对的伸缩振动，反映的是石墨烯的有序性和对称度。而 D 峰则源于碳环中 sp^2 原子的呼吸振动，D 峰对应的振动通常是被禁阻的，但是石墨烯中无序性结构（如缺陷）的出现会破坏其对称性从而使得该振动被允许[6-7]。2D 峰代表两个光子晶格的振动模式，是 D 峰的倍频峰，但是不需要被临近原子活化成缺陷[8]。根据 G 峰和 2D 峰的强度比值可以判断出所得 GF 是由多层石墨烯构成的，具有足够的负载活性材料的机械强度[9]。图 3-2（a）显示 GF 几乎没有 D 峰，这说明 CVD 法制备的 GF 具有很高的质量，几乎没有缺陷，可以为电极材料提供导电网络[10]。图 3-2（b）是 GF 的 XRD 图谱，位于 26.4° 和 54.5° 的衍射峰分别代表石墨烯的（002）和（004）衍射晶面，这说明石墨烯具有良好的结晶性。

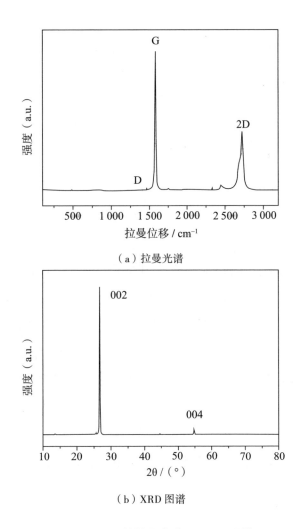

（a）拉曼光谱

（b）XRD 图谱

图 3-2　GF 的拉曼光谱和 XRD 图谱

3.3.1.2 形貌分析

图 3-3 为 CVD 法制备的 GF 的 SEM 图。其中图 3-3（a）为低倍率下的 GF，表明 GF 具有三维交联的骨架结构，具有较大的比表面积，十分适合于负载活性物质。GF 的表面无污染物或明显破损，作为基底具有良好的机械性能和导电性。GF 结构中存在大量的孔隙，有利于电解液的浸润。图 3-3（b）为更高放大倍率下的 SEM 图，由该图可以看出石墨烯表面比

较平整，但也存在一些褶皱。褶皱的产生可能是因为镍泡沫表面存在褶皱，石墨烯以镍泡沫为模板生长，继承了这些褶皱。这些褶皱可以作为纳米粒子的成核位点，有利于纳米材料的生长和排列。

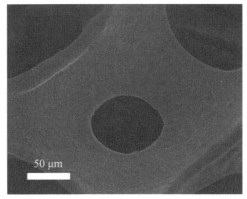

（a）低倍率下的 GF 骨架结构　　　　（b）高倍率下的 GF 表面

图 3-3　GF 的 SEM 图

3.3.1.3 储锂性能

GF 本身也可以储锂，类似于石墨，锂离子会嵌入石墨烯的层间。由于 GF 表面几乎没有缺陷，不能缺陷储锂，所以其容量并不是很高。作者将 GF 直接作为负极材料进行充放电性能测试，结果如图 3-4 所示。其中图 3-4（a）为 GF 第 1、2、10、100 周的充放电曲线，与石墨类似。图 3-4（b）为 GF 在 100 周内的循环性能，在 500 mA/g 电流密度下，GF 负极首周的放电比容量为 159.6 mAh/g，充电比容量为 132.9 mAh/g，库伦效率为 83.3%。虽然 GF 首周的库伦效率要优于大部分 GO 或 RGO，但是其容量比较低，甚至不如一般的石墨。这是由于 GF 是连续的三维结构，与 RGO 相比，GF 暴露的边缘位点比较少，不利于锂离子嵌入层间，所以性能比较差。随着循环次数的增多，GF 的容量也有小幅增长，这可能是由于锂离子的嵌入增大了层间距，使石墨烯层间能够储存更多的锂离子。大家由 GF 的储锂性能可以看出它对负极容量的贡献十分有限，它更多的是作为电极材料的载体，提供导电网络并作为负极的集流体[11]。

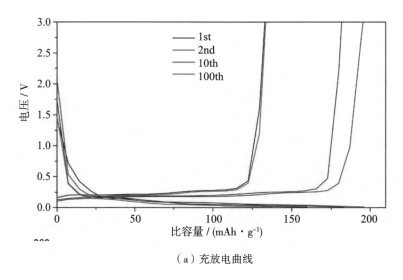

（a）充放电曲线

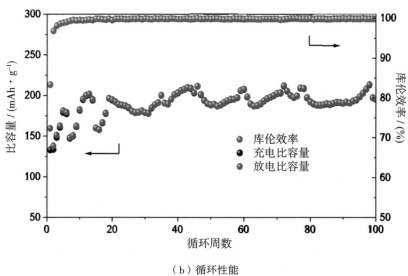

（b）循环性能

图 3-4　GF 在 500 mA/g 电流密度下的充放电曲线和循环性能

注：本书中未备注的 ⬤、⬤、⬤ 的意义均同图 3-4 中的意义。

3.3.2 MnO₂ 纳米线 (MnO₂ nanowire,MnO₂ NW) 和 GF 的复合物（MnO₂ NW@GF 复合物）

3.3.2.1 XRD 分析

通过控制 $KMnO_4$ 的浓度，可以得到两种形貌的石墨烯复合物。当 $KMnO_4$ 与 $MnSO_4$ 的摩尔比为 2 ∶ 1 时，MnO_2 NW 负载在 GF 表面形成 MnO_2 NW@GF 复合物。图 3-5 为 MnO_2 NW@GF 复合物的 XRD 图谱，将它与标准图谱对比，发现与 PDF 卡片 44-0141 完全匹配，MnO_2 NW 为 α-MnO_2。α-MnO_2 为四方晶系，空间群为 I4/m（87），晶胞参数为 a=b=9.784 7 Å，c=2.863 Å[12]。XRD 的衍射峰峰强较弱，可能是因为 α-MnO_2 在石墨烯表面比较分散。

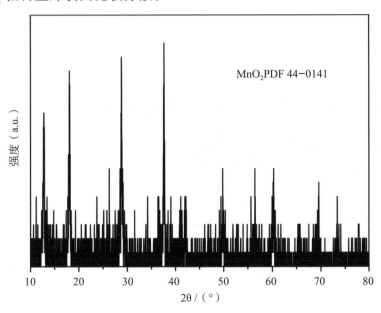

图 3-5 MnO₂ NW@GF 复合物的 XRD 图谱

3.3.2.2 形貌表征

图 3-6 为 MnO_2 NW@GF 复合物的 SEM 图，从图 3-6（a）可以看出石墨烯框架已被 MnO_2 完全覆盖，在更高放大倍率下可以发现 MnO_2 为纳米线形状（MnO_2 NW），且密布 GF 表面。MnO_2 NW 先在石墨烯表面生长一层，之后更多的 MnO_2 NW 堆积在石墨烯表面，形成放射状的团簇 [图 3-6（b）、图 3-6（c）]。这种团簇中的大部分纳米线都没有与石墨烯直接接触，在充放电循环中发生体积变化后可能会脱离石墨烯表面，这对电池的循环稳定性是十分不利的。因此作者通过减少反应物的量来避免 MnO_2 NW 团簇的出现，使 MnO_2 NW 在 GF 表面均匀分布，如图 3-6（d）所示。由图 3-6（e）、图 3-6（f）可以看出 MnO_2 NW 的长度在 2 μm 左右，直径在 60 nm 左右，这能够极大地缩短锂离子的扩散路径。MnO_2 NW 还具有较大的比表面积，因而有较快的嵌锂动力学，这对提高倍率性能十分关键。MnO_2 NW 本身就能够在一定程度上缓冲体积膨胀带来的应力，且石墨烯基底也能够帮助它释放应力，因此 MnO_2 NW 可以在循环过程中保持结构完整。

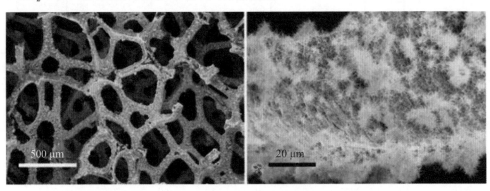

（a）MnO_2 NWs@GF 的全貌 　　　　　　（b）MnO_2 NW 团簇（1）

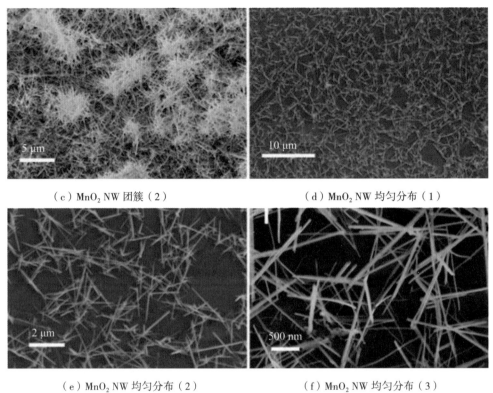

（c）MnO₂ NW 团簇（2）　　　　　　（d）MnO₂ NW 均匀分布（1）

（e）MnO₂ NW 均匀分布（2）　　　　　（f）MnO₂ NW 均匀分布（3）

图 3-6　MnO₂ NW@GF 复合物的 SEM 图

3.3.2.3 电性能测试

（1）循环性能测试。图 3-7 为 MnO₂ NW@GF 复合物的循环性能，其中前两周的电流密度为 100 mA/g，随后电流密度增加为 500 mA/g。MnO₂ NW@GF 复合物在 100 mA/g 电流密度下首周放电比容量为 1 860.7 mAh/g，充电比容量为 1 028.7 mAh/g，可逆比容量较高，但是库伦效率仅为 55.3%，可逆比容量的损失是因为 SEI 膜的形成。第 2 周可逆比容量为 1 006.9 mAh/g，当电流密度增加到 500 mA/g 时可逆比容量下降到 866.3 mAh/g，并且在随后几周容量下降较快。100 周之后 MnO₂ NW@GF 复合物的可逆比容量为 760.3 mAh/g，这说明循环稳定性良好，但是循环过程中库伦效率有较大起伏，且一直未达到 99% 以上，这说明 MnO$_2$ NW@GF 复合物的结构不够稳定。可逆比容量在 75 周甚至出现了断崖式衰减，这可能是因为在循环过程中 MnO$_2$ NW 与 GF 接触不够紧密。

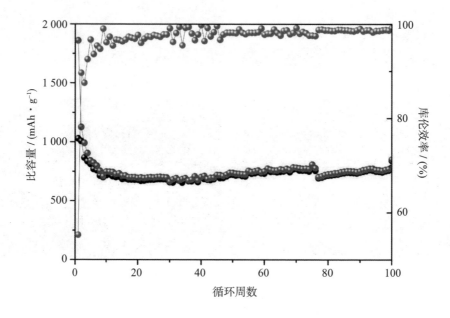

图 3-7　MnO$_2$ NW@GF 复合物的循环性能

（2）倍率性能测试。图 3-8 为 MnO$_2$ NW@GF 复合物的倍率性能，当电流密度分别为 500 mA/g、1 000 mA/g、2 000 mA/g、5 000 mA/g 时，其可逆比容量分别为 856.0 mAh/g、544.8 mAh/g、401.9 mAh/g、277.7 mAh/g；当电流密度回到 500 mA/g 时，其比容量为 639.4 mAh/g，与最初 500 mA/g 电流密度下的性能有一定差距，这说明 MnO$_2$ NW@GF 复合物在高电流密度下电极结构不够稳定，易造成其倍率性能不够理想。

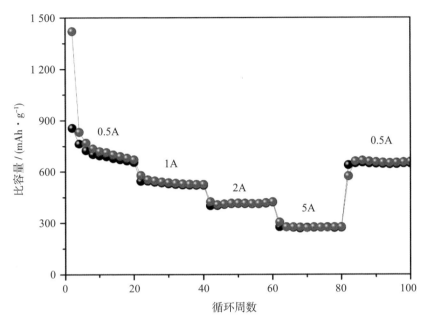

图 3-8 MnO₂ NW@GF 复合物的倍率性能

3.3.3 交联的 MnO₂ NFs 纳米片和 GF 复合物（MnO₂ NFs@GF 复合物）

3.3.3.1 拉曼光谱分析

当 $KMnO_4$ 与 $MnSO_4$ 的摩尔比为 2.5 ∶ 1 时，可以得到另外一种形貌的产物——MnO₂ NFs@GF 复合物。图 3-9 为 MnO₂ NFs@GF 复合物的拉曼光谱，在图 3-9 中，反应前后 GF 的 G 峰和 2D 峰几乎没有变化，十分微弱的 D 峰却出现了，这说明用水热法合成复合物对 GF 几乎没有损害，GF 依然会保留其较好的机械性能和良好的导电性。Mn—O 键的振动峰在 MnO₂ NFs@GF 复合物的拉曼光谱中出现了[13]，分别位于 568 cm⁻¹ 和 660 cm⁻¹ 处，这说明 MnO₂ 和 GF 较好地结合在一起了。

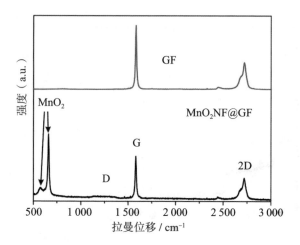

图 3-9　MnO₂ NFs@GF 复合物的拉曼光谱

3.3.3.2 XRD 分析

图 3-10 是 MnO₂ NFs@GF 复合物的 XRD 图谱，除了 GF 位于 26.4° 和 54.5° 的两个峰之外，其余四个峰分别位于 12.5°、24.9°、37.4° 和 65.7°，对应 δ-MnO₂ 的（001）、（002）、（-111）和（020）晶面（JCPDS 80-1098）[14]。这个结果表明在 140 ℃时得到的为 δ-MnO₂ 和 GF 的复合物。δ-MnO₂ 一般是纳米片状结构，或是由纳米片交联组装形成的纳米墙或纳米花结构。

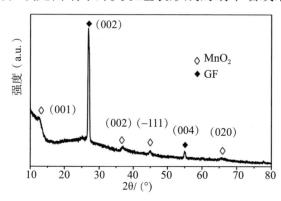

图 3-10　MnO₂ NFs@GF 复合物的 XRD 图谱

3.3.3.3 XPS 分析

图 3–11 是 MnO₂ NFs@GF 复合物的 XPS 图谱，其结果可以与 XRD 的分析结果相互验证。图 3–11（a）是复合物的全谱，其中有三组峰，分别对应于 Mn、O、C 三种元素，这说明反应体系没有受到污染。图 3–11（b）是复合物的 Mn 谱，在 642.1 eV 和 653.1 eV 处大家可以观测到两组峰，这两组峰分别对应于 Mn 2p$_{3/2}$ 和 Mn 2p$_{1/2}$ 的结合能[15]。图 3–11（c）是复合物的 O 谱，其中 529.5 eV 处的峰表示无水 MnO₂ 中 O 1s 轨道的结合能，而 532.0 eV 处的峰代表水合 MnO₂ 中 O 1s 轨道的结合能[16]，这说明复合物表面的 MnO₂ 中含有微量的结合水。以上结果与 XRD 的分析结果相互印证，说明作者用水热法成功制备了 GF 和 MnO₂ 的复合物。

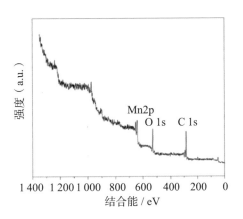

（a）全谱

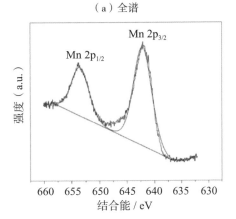

（b）Mn 谱

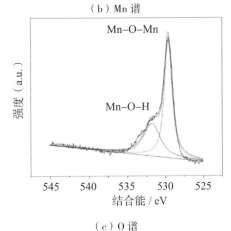

（c）O 谱

图 3–11　MnO₂ NFs@GF 复合物的 XPS 图谱

3.3.3.4 SEM 分析

图 3-12 为 MnO_2 NFs@GF 复合物的 SEM 图，其中图 3-12（a）为低倍率下的形貌，对比前面 GF 的形貌，可以看到 MnO_2 完全覆盖了 GF 的表面，且分布十分均匀。图 3-12（b）为 MnO_2 NFs@GF 复合物的高倍率下的 SEM 图，表明均匀分布在石墨烯表面的 MnO_2 是由超薄纳米片组成的，其厚度大约为 10 nm。MnO_2 NFs 垂直于 GF 表面，且是相互交联的，形成许多孔隙结构。这种垂直于 GF 表面的 MnO_2 NFs 结构具有以下优势：

（1）超薄的 MnO_2 NFs 能够缩短锂离子的传输路径，MnO_2 NFs 垂直于 GF 表面能够暴露更多的表面积，使复合物更好地与电解液接触，促进锂离子的嵌入，提高反应动力学[17-19]；

（2）每一个 MnO_2 NFs 都与 GF 有良好的电接触，这可以大大缩短电子的传输路径，提高反应速率；

（3）交联的 MnO_2 NFs 结构中存在很多孔隙，可以为 MnO_2 在放电过程中的膨胀预留空间，而石墨烯基底也可以释放体积变化带来的应力，在循环过程中保持结构完整。

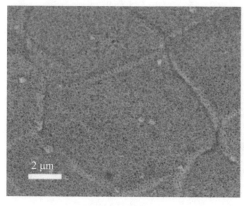
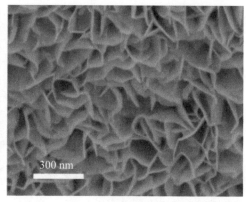

（a）低倍率下 　　　　　　　　　　（b）高倍率下

图 3-12 　MnO_2 NFs@GF 复合物的 SEM 图

图 3-13（a）～（d）为 SEM 选定区域的 EDX 元素分布图，可以看出

C、O、Mn 三种元素的分布十分均匀。其中 C 元素的分布最为密集，这是因为石墨烯是复合物的基底，而 Mn 元素的分布则相对分散，且与 O 元素的分布十分吻合，这表明 MnO₂ NFs 在 GF 的表面分布得十分均匀，且相互交联的 MnO₂ NFs 之间确实形成了较多的孔隙。图 3–13（e）为各元素分布的总谱图，其中只有 C、O、Mn 三种元素，说明反应过程中没有引入其他杂质。

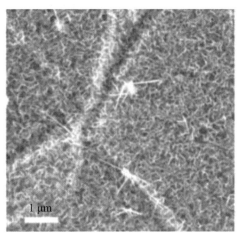

（a）SEM 图和对应区域的 EDX 元素分布图

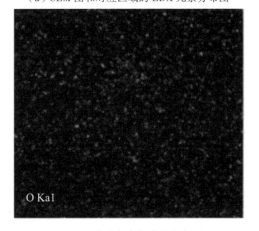

（c）O 元素在复合物中的分布图

（b）C 元素在复合物中的分布图

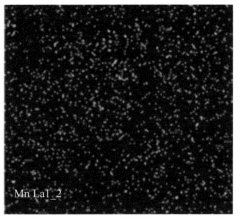

（d）Mn 元素在复合物中的分布图

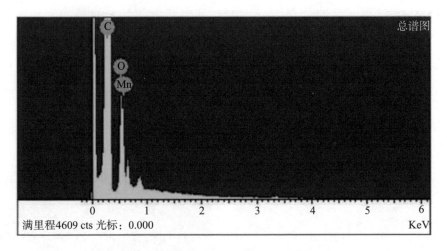

（e）MnO$_2$ NFs@GF 复合物中各元素分布的总谱图

图 3-13　MnO$_2$ NFs@GF 复合物的相关图

图 3-14 是 MnO$_2$ NFs@GF 复合物中 MnO$_2$ NFs 边缘处的 SEM 图，从中可以看出石墨烯与 MnO$_2$ NFs 的接触方式。其中图 3-14（a）是 MnO$_2$ NFs 边缘处的正面图，MnO$_2$ NFs 是沿着石墨烯表面的褶皱排列的，并向一个方向扩展，这说明石墨烯表面的褶皱可以作为 MnO$_2$ NFs 的成核位点。MnO$_2$ NFs 最先生长在石墨烯褶皱边缘，之后更多的纳米片按照一定的方式自组装排列形成相互交联的结构。图 3-14（b）是 MnO$_2$ NFs 边缘处的侧面图，由此看出 GF 是具有一定厚度的腔体结构，可以起到很好的负载 MnO$_2$ NFs 的作用。MnO$_2$ NFs 垂直于石墨烯表面排列分布，且 GF 的上下表面都长满了 MnO$_2$ NFs，这充分利用了石墨烯腔体内的空间，提高了 MnO$_2$ NFs 的负载量。垂直分布的 MnO$_2$ NFs 有利于锂离子的嵌入，与石墨烯之间有较强的结合作用，这使得它们在放电过程中体积膨胀时不会失去电接触，保证了电极结构的稳定性。

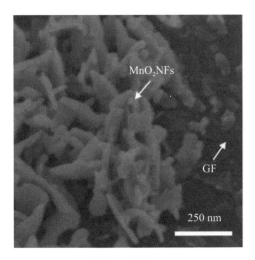

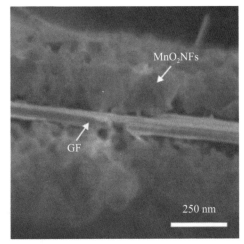

（a）正面图　　　　　　　　　　　　（b）侧面图

图 3-14　MnO₂ NFs@GF 复合物中 MnO₂ NFs 边缘处的 SEM 图

3.3.3.5 TEM 分析

图 3-15 是相同条件下制备的 MnO₂ NFs 的 TEM 图和 MnO₂ NFs@GF 复合物的相关图。其中图 3-15（a）是 MnO₂ NFs 的 TEM 图，由图 3-15（a）可以看出没有石墨烯支撑的 MnO₂ 是由超薄纳米片组成的纳米花结构，没有石墨烯的分散作用，MnO₂ NFs 也倾向于形成团簇结构。图 3-15（b）是 MnO₂ NFs@GF 复合物的 TEM 形貌图，其中颜色较浅的基底是从 GF 上剥离下来的石墨烯片层，石墨烯上均匀分布且相互交联的是 MnO₂ NFs。以 GF 为基底可以使 MnO₂ NFs 组装在其表面，可以避免团聚。经过超声剥离之后 MnO₂ NFs 依然附着在石墨烯表面，这说明 MnO₂ NFs 和石墨烯之间的结合十分紧密。MnO₂ NFs 之间有很多孔隙，这基本与 SEM 分析结果一致，可为体积膨胀预留空间。图 3-15（c）是 MnO₂ NFs@GF 复合物的高分辨率 TEM 图，其中有两种晶格条纹，对应的晶格间距分别是 0.705 nm 和 0.314 nm，对应的晶面分别是 δ-MnO₂ 的（001）晶面[20] 和石墨烯的（110）晶面。两种晶格条纹结合紧密，大家由此可再次判断出 MnO₂ NFs

和石墨烯之间具有较强的相互作用。图 3-15（d）是图 3-15（b）中红色圆圈区域石墨烯的 TEM 电子衍射（SAED）图，六边形的点阵说明石墨烯具有六重对称结构。

（a）MnO₂ NFs 的 TEM 图

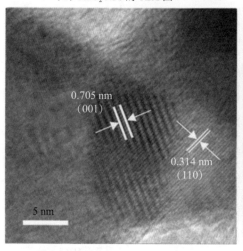

（c）MnO₂ NFs@GF 复合物的高分辨率 TEM 图

（b）MnO₂ NFs@GF 复合物的 TEM 形貌图

（d）MnO₂ NFs@GF 复合物中石墨烯的 SAED 图

图 3-15　MnO₂ NFs 的 TEM 图及 MnO₂ NFs@GF 复合物的相关图

3.3.3.6 MnO$_2$ NFs@GF 的结构模型

根据 SEM 和 TEM 的测试结果，作者尝试构建了如图 3–16（a）所示的 MnO$_2$ NFs@GF 复合物的结构模型，图 3–16（b）是 MnO$_2$ NFs@GF 复合物的充放电示意图。在这个复合结构中，GF 既是负载交联 MnO$_2$ NFs 的骨架，也是一个三维的导电基底，是电子传导的高速通道。GF 作为骨架可以实现自支撑，良好的导电性使其可以直接作为集流体。水热法实现了交联 MnO$_2$ NFs 在 GF 表面的原位生长，使二者接触紧密，这可以有效缩短电子的传输路径，使 MnO$_2$ NFs 即使在发生体积膨胀后也会保持良好的接触。MnO$_2$ NFs 相互交联且垂直于石墨烯表面，使电极材料与电解液有较大的接触面积，有利于锂离子的快速嵌入，而且纳米片的厚度仅有几纳米，大大缩短了锂离子的传输路径。交联的 MnO$_2$ NFs 还形成了许多孔隙，能够为体积膨胀预留空间，GF 基底也能释放体积变化带来的应力。GF 和 MnO$_2$ NFs 的结合实现了彼此间的协同效应，因此这个复合结构能够在充放电过程中保持结构稳定，可以实现较长的循环寿命和较高的倍率性能。

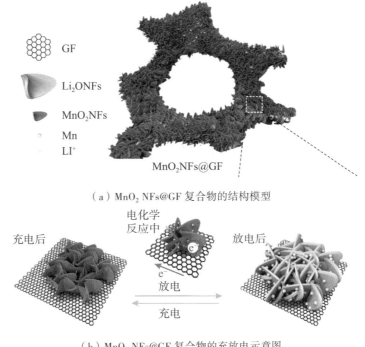

（a）MnO$_2$ NFs@GF 复合物的结构模型

（b）MnO$_2$ NFs@GF 复合物的充放电示意图

图 3–16　MnO$_2$ NFs@GF 复合物的结构模型和充放电示意图

3.3.3.7 电化学性能测试

（1）循环伏安曲线。图 3-17 是 MnO_2 NFs@GF 复合物在 0.01 ~ 3V 电压区间的循环伏安曲线，扫描速度为 0.1 mV/s。在首周负向扫描的过程中，一个较弱的还原峰出现在 1.20 V 处，对应于 Mn^{4+} 至 Mn^{2+} 的转变；一个较强的还原峰出现在 0.17 V 处，对应于 Mn^{2+} 至 Mn 的还原。0.17 V 处的还原峰仅在首周出现，说明此过程不可逆，MnO_2 在首次放电时发生了不可逆的相转变，且在电极材料和电解液的界面形成了 SEI 膜 [21]。在第 2 周的负向扫描过程中，1.20 V 处较弱的还原峰消失了，而较强的还原峰出现在 0.35 V 处，这说明首周相转变之后 Mn 的还原变为直接从 Mn^{4+} 转化至 Mn（$MnO_2+4Li^++4e^- \longrightarrow 2Li_2O+Mn$），转换反应不再分步进行 [22]。此外，两个较弱的还原峰也出现在 0.03 V 和 0.08 V 处，表明石墨烯发生了嵌锂反应，生成了 Li_xC。在正向扫描的过程中出现的 0.13 V 和 0.25 V 处的两个氧化峰可能是由于 SEI 膜的分解产生 [23]。而出现在 0.2 V 和 1.2 V 处的两个氧化峰说明 Mn 的氧化过程可能分为两步。

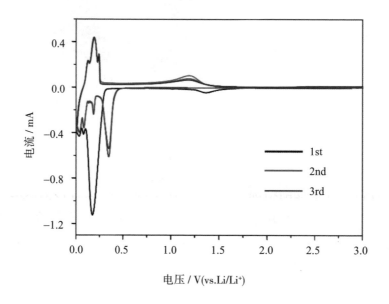

图 3-17 MnO_2 NFs@GF 复合物的循环伏安曲线

（2）循环性能测试。测试中前三周的电流密度为 200 mA/g，在第 3 周之后电流密度增加为 500 mA/g。图 3-18 为 MnO₂ NFs@GF 复合物在第 1、2、100、200 周的充放电曲线。在一个循环中，MnO₂ NFs@GF 复合物的放电比容量和充电比容量分别为 1 929 mAh/g 和 1 166 mAh/g，首周具有较高的可逆比容量，而可逆比容量的损失是由于电解液的分解和 SEI 膜的形成造成的。首周 0.2 V 左右的放电平台在随后的循环中没有出现，对应于 MnO₂ 不可逆的相转变，与 CV 扫描结果相吻合。图 3-19 是 MnO₂ NFs@GF 复合物和纯 MnO₂ NFs 的循环性能，在第 2 周和第 3 周，MnO₂ NFs@GF 复合物的可逆比容量分别为 1 201 mAh/g 和 1 163 mAh/g。在电流密度增加为 500 mA/g 后，电池的容量仅出现了小幅衰减，可逆比容量为 1 074 mAh/g。在随后的 50 个循环中，电池的容量出现了小幅衰减，但是之后电池的容量又开始逐渐上升，300 周之后电池的可逆比容量高达 1 200 mAh/g。电池容量的回升可能是由于以下几点。

① MnO₂ NFs 在循环过程中出现了局部粉化，增加了比表面积，提供了更多的活性位点，同时 MnO₂ NFs 的整体结构依然存在并牢牢结合在 GF 表面，保持了良好电接触。

②前几周容量衰减可能是由于放电过程中不可逆地生成了金属 Mn 纳米粒子，这增强了电极的导电性，有利于电荷传递，使可逆比容量逐渐增加。

③电解液在电极表面分解形成了凝胶状有机聚合物膜，由于"赝电容机理"，凝胶状有机聚合物膜能够在电势较低时提供锂离子储存位点，从而使电极材料的容量逐渐增加[24-26]。MnO₂ NFs@GF 复合物电极的库伦效率从第 3 周开始就稳定在 99% 以上，证明复合物的结构十分稳定。300 周之后，电池的可逆比容量为首周可逆比容量的 102.92%，是石墨容量的 3 倍，这证明 MnO₂ NFs@GF 复合物有较好的循环稳定性。

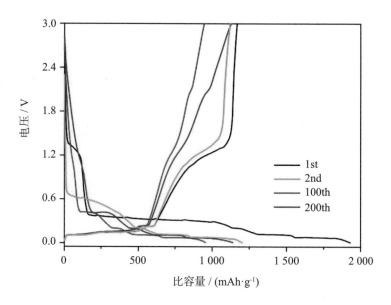

图 3-18　MnO$_2$ NFs@GF 复合物在第 1、2、100、200 周的充放电曲线

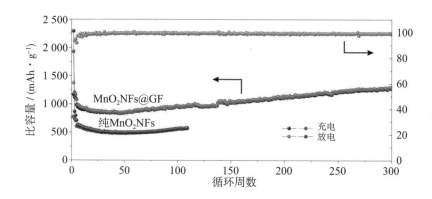

图 3-19　MnO$_2$ NFs@GF 复合物和纯 MnO$_2$ NFs 的循环性能

　　相同测试条件下，纯 MnO$_2$ 电极首周放电比容量为 2 289.5 mAh/g，而充电比容量仅为 771.0 mAh/g，如图 3-19 所示，可逆比容量的损失同样是由于 SEI 膜的形成。纯 MnO$_2$ 电极的比容量在前 50 周衰减至 480 mAh/g，衰减速度较快。在随后的循环中，比容量逐渐上升至 560 mAh/g，容量上升的原因与 MnO$_2$ NFs@GF 复合物电极类似，但是效果明显不如

MnO₂ NFs@GF 复合物电极。这是因为 GF 具有良好的导电性，而与 GF 紧密结合的 MnO₂ NFs 可以始终保持较好的电接触，并且不会发生团聚。但是纯 MnO₂ NFs 在充放电过程中会发生团聚，放电过程中的产物可能会因发生相分离而失活，Mn 纳米粒子不能有效地分散并起到导电的作用。MnO₂ NFs@GF 复合物中的 MnO₂ NFs 可以始终保持较大的比表面积，有较多的活性位点，而纯 MnO₂ NFs 则由于团聚逐渐失去活性位点。此外，MnO₂ NFs@GF 复合物无须导电添加剂和胶联剂，也无须集流体，在实际应用中可以增加活性物质所占比例。MnO₂ NFs@GF 复合物电极具有一定的柔性，有望应用于柔性设备中。

（3）倍率性能测试。本书中所涉研究也测试了 MnO₂ NFs@GF 复合物和纯 MnO₂ NFs 的倍率性能，结果如图 3-20 所示。本书设置的电流密度分别为 500 mA/g、1 000 mA/g、2 000 mA/g、5 000 mA/g，最后又回到 500 mA/g。MnO₂ NFs@GF 复合物在 500 mA/g、1 000 mA/g、2 000 mA/g、5 000 mA/g 电流密度下比容量分别为 1 200 mAh/g、1 080 mAh/g、895 mAh/g、610 mAh/g，表现出十分优秀的倍率性能。当电流密度回到 500 mA/g 时，MnO₂ NFs@GF 复合物的比容量可以恢复到 1 200 mAh/g 以上，这说明在较大的电流密度下 MnO₂ NFs@GF 复合物可以快速传导锂离子和电子，并保持结构稳定。这是因为纳米结构缩短了锂离子的传输路径，较大的比表面积使锂离子可以快速嵌入并高速传输；GF 作为三维导电基底可以提供电子传输的高速通道。而纯 MnO₂ NFs 在 500 mA/g、1 000 mA/g、2 000 mA/g、5 000 mA/g 电流密度下比容量分别为 633 mAh/g、471 mAh/g、350 mAh/g、131 mAh/g，当电流密度回到 500 mA/g 时，MnO₂ NFs 的比容量仅为 525 mAh/g。在较小电流密度下，MnO₂ NFs 的比容量仅为 MnO₂ NFs@GF 复合物的 1/2，而在 5 000 mA/g 大电流密度下 MnO₂ NFs 的比容量仅为 MnO₂ NFs@GF 复合物的 1/4，这说明在较大的电流密度下 MnO₂ NFs 无法快速传导锂离子和电子，且在较高倍率时结构受到一定程度的破坏，所以在电流密度减小至 500 mA/g 时容量也无法达到最初的水平。大家通过对比可以看出 MnO₂ NFs@GF 复合物的结构具有独特的优势，MnO_2 NFs@GF 复合物可以在较长的循环过程中保持结构稳定，也能承受高倍率充放电，这是由于 GF 和 MnO_2 NFs 的结合实现了协同效应。

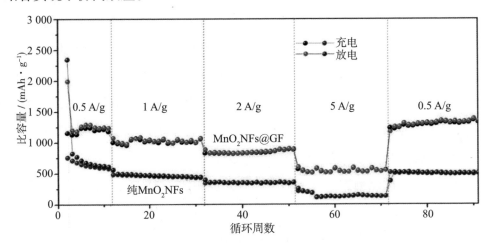

图 3-20　MnO_2 NFs@GF 复合物和纯 MnO_2 NFs 的倍率性能

（4）交流阻抗（EIS）测试。本书对 MnO_2 NFs@GF 复合物电极和纯 MnO_2 NFs 电极都进行了 EIS 测试，结果如图 3-21 所示。图 3-21 中的点是实验数据，而曲线是根据实验数据拟合得到的。图 3-21 中右下角的插图表示的是体系拟合的等效电路。在等效电路中，R_s 表示的是电极的内阻，包括隔膜、电解液和电极材料本身的电阻；CPE1 和 CPE2 分别表示电极材料表面 SEI 膜的电容和电极材料表面的双电层电容；R_{SEI} 代表 SEI 膜的电阻；R_{ct} 代表电荷转移电阻；Z_w 是 Warburg 阻抗，与锂离子在电极材料中的扩散过程有关。大家从 EIS 中可以看出在高频和中频区有两个半圆，它们分别对应于 SEI 膜和电荷转移的电阻（R_{SEI} 和 R_{ct}）；在低频区有一条斜线，它对应于锂离子扩散过程中的 Warburg 阻抗（Z_w）。根据等效电路和拟合结果，作者得到了电极的动力学参数，如表 3-1 所示。这些数据表明 MnO_2 NFs@GF 复合物电极的内阻和电荷转移电阻分别为 R_s=3.62 Ω 和 R_{ct}=62.50 Ω，它们都比纯 MnO_2 NFs 电极的数值（R_s=5.45 Ω

和 R_{ct}=86.58 Ω）小，这说明 GF 骨架赋予了复合物电极较高的导电性，在锂离子嵌入和脱出过程中促进了电子的传导。此外，这也说明 GF 在充放电过程中可以有效缓冲 MnO_2 NFs 的体积膨胀和收缩，能够始终与之保持良好的电接触。

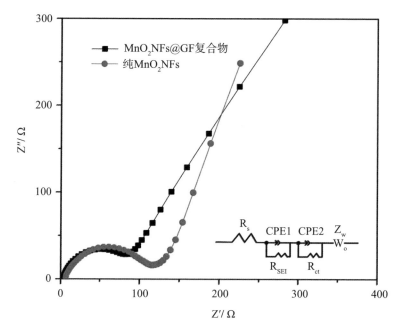

图 3-21　MnO_2 NFs@GF 复合物电极和纯 MnO_2 NFs 电极的 EIS

表3-1　MnO_2 NFs@GF复合物电极和纯MnO_2 NFs电极的动力学参数

电极	R_s/Ω	R_{SEI}/Ω	R_{ct}/Ω
MnO_2 NFs@GF 复合物	3.62	9.87	62.50
MnO_2 NFs	5.45	7.13	86.58

3.3.3.8 充放电测试后 MnO_2 NFs@GF 复合物的结构分析

电极材料结构的稳定性与电池的循环性能密切相关，为了证明

MnO$_2$ NFs@GF 复合物具有十分稳定的结构，作者将循环后的电池在放电结束（嵌锂状态）后进行了拆解，并对复合物电极进行了 SEM 表征，结果如图 3-22 所示。其中图 3-22（a）为 MnO$_2$ NFs@GF 复合物循环后的全貌图，大家可以看出虽然 GF 被压平了，但其骨架和孔隙结构依然存在；石墨烯表面 MnO$_2$ 的分布比循环前更为紧密，电极的整体结构依然存在。图 3-22（b）为 MnO$_2$ NFs@GF 复合物循环后的局部放大图，大家可以看出虽然石墨烯表面的 MnO$_2$ NFs 发生了较大的体积膨胀，但是整体的片状结构依然存在。片状结构表面还有较多的颗粒状物质，这些物质可能是 Mn 纳米粒子，与前面的反应机理相符。材料表面出现了部分粉化，这也是复合材料在循环过程中容量回升的主要原因之一，与前面的推测相符。图中膨胀的 MnO$_2$ NFs 之间还有较多的孔隙，说明 MnO$_2$ NFs@GF 复合物中的孔隙足够 MnO$_2$ NFs 在放电时膨胀，而石墨烯的存在也能防止其发生团聚，这表明复合物对体积膨胀有较强的缓冲能力，能够在较长的循环过程中始终保持结构稳定。

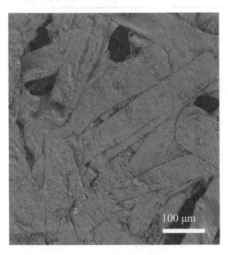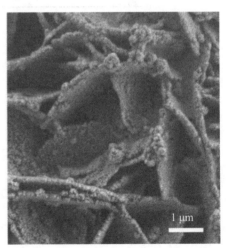

（a）全貌图　　　　　　　　（b）局部放大图

图 3-22　MnO$_2$ NFs@GF 复合物循环后的形貌

3.4 本章小结

本章通过水热法、CVD 法制备的高质量 GF 表面原位生长了 MnO$_2$，通过控制反应物的比例，可以得到两种形貌的 MnO$_2$，分别是 MnO$_2$NW 和交联的 MnO$_2$ NFs。MnO$_2$NW 在石墨烯表面的排列没有规律，其负载量较多时会大量团聚，与石墨烯失去接触，因此其电化学性能并不理想。而 MnO$_2$ NFs 则垂直于石墨烯表面生长，覆盖了整个 GF 的表面，二者结合紧密，缩短了电子传输的路径，即使在体积变化时，二者也能保持良好的电接触。石墨烯表面的 MnO$_2$ NFs 相互交联，形成许多孔隙，具有较大的比表面积，有利于和电解液的接触，提供了更多的电化学活性位点，能够促进锂离子的嵌入反应。纳米片的厚度只有几纳米，能够缩短锂离子的传输路径，加快反应速率。交联的 MnO$_2$ NFs 形成的孔隙能够为体积膨胀预留空间，石墨烯基底也能释放体积变化带来的应力，这可以使复合材料在循环过程中保持电极结构和导电网络的完整。因此 MnO$_2$ NFs@GF 复合物表现出较高的比容量和稳定的循环性能，其倍率性能也十分优异。在 500 mA/g 电流密度下循环 300 周之后，MnO$_2$ NFs@GF 复合物的可逆比容量高达 1 200 mAh/g，且库伦效率从第 3 周开始保持在 99% 以上。在倍率性能方面，当电流密度分别为 1 000 mA/g、2 000 mA/g、5 000 mA/g 时，MnO$_2$ NFs@GF 复合物的可逆比容量分别为 1 080 mAh/g、895 mAh/g、610 mAh/g，远远高于纯 MnO$_2$ NFs 的比容量。

参考文献

[1] FANG X P, LU X, GUO X W, et al. Electrode reactions of manganese oxides for secondary lithium batteries [J]. Electrochem. Commun., 2010, 12（11）：1520–1523.

[2] LI L, RAJI A R O, TOUR J M. Graphene-wrapped MnO_2-graphene nanoribbons as anode materials for high-performance lithium-ion batteries [J]. Adv. Mater., 2013, 25（43）：6298–6302.

[3] TU F Y, WU T H, LIU S Q, et al. Facile fabrication of MnO_2 nanorod/graphene hybrid as cathode materials for lithium batteries [J]. Electrochim. Acta, 2013, 106：406–410.

[4] FERRARI A C. Raman spectroscopy of graphene and graphite：Disorder, electron-phonon coupling, doping and nonadiabatic effects [J]. Solid State Commun., 2007, 143（1/2）：47–57.

[5] MALARD L M, PIMENTA M A, DRESSELHAUS G, et al. Raman spectroscopy in graphene [J]. Phys. Rep., 2009, 473（5/6）：51–87.

[6] FERRARI A C, ROBERTSON J. Interpretation of raman spectra of disordered and amorphous carbon [J]. Phys. Rev. B, 2000, 61（20）：14095–14107.

[7] TUINSTRA F, KOENIG J L. Raman spectrum of graphite [J]. J. Chem. Phys., 1970, 53（3）：1126–1130.

[8] DRESSELHAUS M S, JORIO A, HOFMANN M, et al. Perspectives on carbon nanotubes and graphene raman spectroscopy [J]. Nano Lett., 2010, 10（3）：751–758.

[9]   RACCICHINI R, VARZI A, PASSERINI S, et al. The role of graphene for electrochemical energy storage [J]. Nat. Mater., 2015, 14（3）: 271–279.

[10] CHEN Z P, REN W C, GAO L B, et al. Three-dimensional flexible and conductive interconnected graphene networks grown by chemical vapour deposition [J]. Nat. Mater., 2011, 10（6）: 424–428.

[11] LI N, CHEN Z P, REN W C, et al. Flexible graphene-based lithium-ion batteries with ultrafast charge and discharge rates [J]. Proc. Natl. Acad. Sci. U S A, 2012, 109（43）: 17360–17365.

[12] CHEN J B, WANG Y W, HE X M, et al. Electrochemical properties of MnO_2 nanorods as anode materials for lithium-ion batteries [J]. Electrochim. Acta, 2014, 142: 152–156.

[13] POLVEREJAN M, VILLEGAS J C, SUIB S L. Higher valency ion substitution into the manganese oxide framework [J]. J. Am. Chem. Soc., 2004, 126（25）: 7774–7775.

[14] LIU S Y, ZHU Y G, XIE J, et al. Direct growth of flower-like δ–MnO_2 on three-dimensional graphene for high-performance rechargeable $Li-O_2$ batteries [J]. Adv. Energy Mater., 2014, 4（9）: 1301960.

[15] LIU D W, ZHANG Q F, XIAO P, et al. Hydrous manganese dioxide nanowall arrays growth and their Li^- ions intercalation electrochemical properties [J]. Chem. Mater., 2008, 20（4）: 1376–1380.

[16] TOUPIN M, BROUSSE T, BELANGER D. Charge storage mechanism of MnO_2 electrode used in aqueous electrochemical capacitor [J]. Chem. Mater., 2004, 16（16）: 3184–3190.

[17] ARICO A S, BRUCE P, SCROSATI B, et al. Nanostructured materials for

advanced energy conversion and storage devices [J]. Nat. Mater., 2005, 4（5）：366–377.

[18] MAGASINSKI A, DIXON P, HERTZBERG B, et al. High-performance lithium-ion anodes using a hierarchical bottom-up approach [J]. Nat. Mater., 2010, 9（4）：353–358.

[19] ZHANG H G, YU X D, BRAUN P V. Three-dimensional bicontinuous ultrafast-charge and discharge bulk battery electrodes [J]. Nat. Nanotechnol., 2011, 6（5）：277–281.

[20] GUO C X, WANG M, CHEN T, et al. A hierarchically nanostructured composite of MnO_2/conjugated polymer/graphene for high-performance lithium-ion batteries [J]. Adv. Energy Mater., 2011, 1（5）：736–741.

[21] SUN B, CHEN Z X, KIM H S, et al. MnO/C core-shell nanorods as high capacity anode materials for lithium-ion batteries [J]. J. Power Sources, 2011, 196（6）：3346–3349.

[22] LI X W, LI D, WEI Z W, et al. Interconnected MnO_2 nanoflakes supported by 3D nanostructured stainless steel plates for lithium-ion battery anodes [J]. Electrochim. Acta, 2014, 121：415-420.

[23] WANG Y, HAN Z J, YU S F, et al. Core-leaf onion-like carbon/ MnO_2 hybrid nano-urchins for rechargeable lithium-ion batteries [J]. Carbon, 2013, 64：230–236.

[24] LUO J S, LIU J L, ZENG Z Y, et al. Three-dimensional graphene foam supported Fe_3O_4 lithium battery anodes with long cycle life and high rate capability [J]. Nano Lett., 2013, 13（12）：6136–6143.

[25] XU X, FAN Z Y, YU X Y, et al. A nanosheets-on-channel architecture constructed from MoS_2 and CMK-3 for high-capacity and long-cycle-life lithium

storage [J]. Adv. Energy Mater., 2014, 4（17）：1400902.

[26] ZHOU G M, WANG D W, LI F, et al. Graphene-wrapped Fe$_3$O$_4$ anode material with improved reversible capacity and cyclic stability for lithium-ion batteries [J]. Chem. Mater., 2010, 22（18）：5306–5313.

4 Fe₃O₄@GF 复合物的制备及性能研究

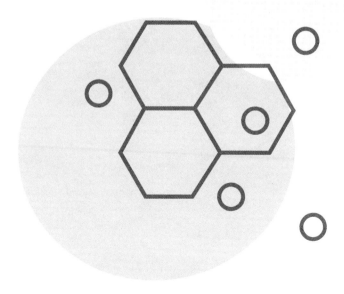

4.1 引言

    Fe_3O_4 是一种具有潜力的转换反应负极材料，具有理论比容量高（理论比容量为 924 mAh/g，是石墨的将近 3 倍）、自然资源丰富、环境友好等优点[1-2]。但是由于 Fe_3O_4 导电性较差，且在放电过程中会发生体积膨胀，所以其电极反应动力学表现较差，这会导致其循环性能不稳定、倍率性能低，因而阻碍了其在锂离子电池中的应用[3]。理论上，一个自组装的 Fe_3O_4 纳米粒子层能够解决上述问题，因为纳米粒子具有较高的比表面积和较短的锂离子、电子传输路径，可以很好地改善锂离子的传输速率，提高电化学反应的动力学表现[4-6]。此外，纳米粒子能够很好地缓冲体积膨胀，在循环过程中保持结构稳定[7-8]。如前所述，GF 是一个理想的承载基底，可以用来负载和分散 Fe_3O_4 纳米粒子，还能促进锂离子和电子的传输，并能释放锂化和脱锂过程中体积变化带来的应力[9-10]。具有高比表面积的 Fe_3O_4 纳米粒子分散在石墨烯表面可以产生新的反应路径，并形成动力学稳定相。采用表面活性剂有助于稳定氧化石墨烯和 Fe_3O_4 纳米粒子，但是表面活性剂的加入会影响电极整体的导电性，进而影响电池的性能[11-12]。用这种方法合成的复合物中 Fe_3O_4 纳米粒子和石墨烯之间的结合不够紧密，在充放电过程中 Fe_3O_4 纳米粒子会因为剧烈的体积变化而脱离石墨烯，从而造成可逆比容量衰减、循环稳定性变差以及倍率性能降低。为了实现 Fe_3O_4 纳米粒子和石墨烯的紧密结合、有序分散，本章使用了超临界流体 CO_2 辅助法。超临界流体具有低黏度、零表面张力、高扩散性等特点，非常适合于合成结构精细、粒径均一的纳米结构[13]。CO_2 在较低温度下即可达到超临界流体状态，且本身具有一定的惰性，因此对复合物不会造成任何损伤，也不会引入其他杂质。本章通过超临界流体 CO_2 辅助法将 Fe_3O_4 纳米粒子镶嵌在 GF 的表面，实现了 Fe_3O_4 纳米粒子和石墨烯的紧密结合。

Fe_3O_4 纳米粒子和石墨烯之间的良好接触不但能够防止 Fe_3O_4 纳米粒子的团聚，而且可以提高锂离子和电子的传输速率，因此复合物可以获得良好的循环性能。

4.2　制备方法

称取一定质量的 $Fe(NO_3)_3 \cdot 9H_2O$ 溶于无水乙醇，形成质量分数为 1.25% 的溶液，将 10 mL 上述溶液和几片 GF 装入容积为 25 mL 的不锈钢高压反应釜中。封紧反应釜后，将其接入超临界流体反应系统，用微流泵将 CO_2 充入反应釜，直至反应釜内的压力达到 9 MPa。之后将反应釜放入烘箱中，在 120℃下反应 9 h。反应结束后，先打开气体阀门将 CO_2 排出，再打开反应釜取出 GF，并将 GF 用超纯水浸洗 5 次，乙醇浸洗 1 次，放入真空干燥箱中，在 90℃下干燥 6 h，即得到负载有 Fe_3O_4 纳米粒子的 GF（Fe_3O_4@GF 复合物）。

作为对比，本书也用水热法合成了 Fe_3O_4– 石墨烯复合物（Fe_3O_4–GF 复合物），操作过程与超临界流体 CO_2 辅助法类似，不同的是，溶剂是水且没有引入超临界流体 CO_2。

4.3 结果分析

4.3.1 XRD 分析

图 4-1 为 Fe$_3$O$_4$@GF 复合物的 XRD 图，位于 26.4° 和 54.5° 的两个衍射峰分别对应于石墨烯的（002）和（004）晶面[14]。除此之外，位于 18.3°、30.1°、35.4°、43.0°、56.9° 和 62.5° 的六个衍射峰分别对应于 Fe$_3$O$_4$ 的（111）、（220）、（311）、（400）、（511）和（440）晶面（JCPDS 19-0629）[15]。XRD 分析的结果表明作者确实合成了 Fe$_3$O$_4$@GF 复合物。

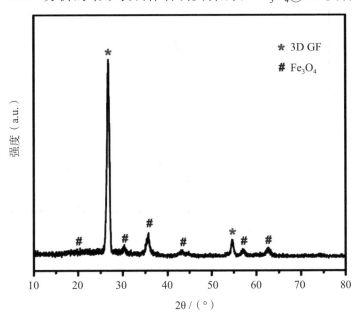

图 4-1 Fe$_3$O$_4$@GF 复合物的 XRD 图

4.3.2　拉曼光谱分析

图 4-2 为 Fe_3O_4@GF 复合物和 GF 的拉曼光谱，其中黑线代表 GF，有两个位于 1 580 cm⁻¹ 和 2 720 cm⁻¹ 处的特征峰，分别为石墨烯的 G 峰和 2D 峰。而在 1 350 cm⁻¹ 处的 D 峰没有出现，说明 GF 具有较高的质量，几乎没有缺陷。G 峰的强度高于 2D 峰，说明 GF 是由多层石墨烯构成的[16]。在石墨烯表面镶嵌 Fe_3O_4 纳米粒子之后，在 667 cm⁻¹ 处出现的峰是 Fe_3O_4 的 A_{1g} 峰[7]，在 1 350 cm⁻¹ 处出现的峰是石墨烯的 D 峰，强度很弱，ID/IG 仅为 0.017，这说明当 Fe_3O_4 纳米粒子镶嵌在石墨烯表面之后几乎没有引入缺陷，证明本方法对石墨烯的伤害很小，可以使 GF 作为三维的导电网络来提高整个电极的导电性。

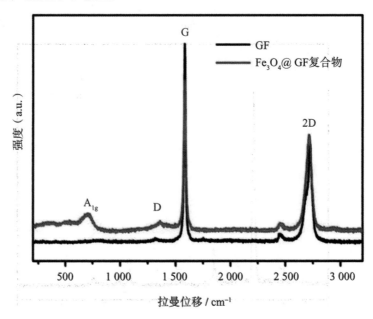

图 4-2　Fe_3O_4@GF 复合物和 GF 的拉曼光谱

4.3.3　XPS 分析

图 4-3 为 Fe₃O₄@GF 复合物的 XPS 图谱，其中图 4-3（a）为高分辨率的石墨烯 C 谱，结果显示 C 1s 分裂为两个峰，284.8 eV 处的峰是 sp² C 的 C–C 键的峰，而 285.3 eV 处的峰则是 C–H 键的峰。图 4-3（b）为 Fe₃O₄@GF 复合物的全谱，主要信号包括 Fe 2p、O 1s 和 C 1s 峰。图 4-3（c）是 Fe 2p 峰的分峰结果，大家从图中可以看出 Fe²⁺ 和 Fe³⁺ 同时存在，其中位于 710.4 eV 处的是 Fe³⁺ 的 $2p_{3/2}$ 峰，而另一个位于 712.4 eV 处的是 Fe²⁺ 的 $2p_{3/2}$ 峰[17]。另一个自旋轨道分量 $2p_{1/2}$ 出现在 723.6 eV 和 725.2 eV 处的峰，分别对应于 Fe 的 2⁺ 和 3⁺ 价态。位于 716.4 eV 和 732.2 eV 处的峰是 Fe²⁺ 的卫星峰[18]。图 4-3（d）是 O 1s 峰的分峰结果，位于 530.1 eV 处的峰对应于 Fe₃O₄ 晶格中的 O，而 531.2 eV 和 532.4 eV 处的峰对应于 Fe₃O₄ 表面羟基化而吸附的 O[19-20]。结合以上结果大家可以确认作者合成了 Fe₃O₄@GF 复合物，且复合物中不存在 Fe（NO₃）₃ 的残余和其他氧化物杂质。

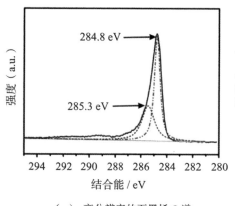

（a）高分辨率的石墨烯 C 谱

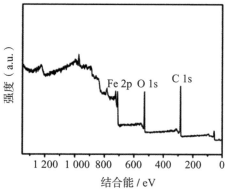

（b）Fe₃O₄@GF 复合物的全谱

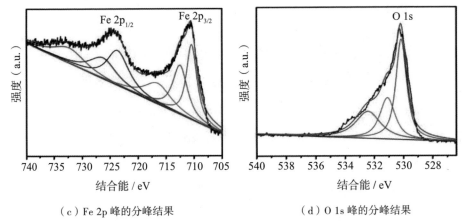

（c）Fe 2p 峰的分峰结果　　　　　　　（d）O 1s 峰的分峰结果

图 4-3　Fe_3O_4@GF 复合物的 XPS 图谱

4.3.4　SEM 分析

图 4-4 是 Fe_3O_4@GF 复合物的 SEM 图，其中 4-4（a）是低倍率下的 Fe_3O_4@GF 复合物的全貌图，图 4-4（b）和图 4-4（c）是较高倍率下的 Fe_3O_4@GF 复合物的 SEM 图，这些图表明微米级的 Fe_3O_4 片层均匀分布在 GF 表面，并且还有许多沟道。经过粗略计算，沟道的覆盖面积大约占整个 GF 表面积的 40%。图 4-4（d）是更高倍率下 Fe_3O_4 纳米粒子形貌图，说明 Fe_3O_4 微米片是由粒径均匀的纳米粒子组成的，并且在纳米粒子之间还有均匀分布的纳米孔，表面的孔隙率约为 8.3%。这样形成的多级结构中沟道和纳米孔能够缩短锂离子的传输路径，增大电极和电解液的接触面积，改善电化学反应的动力学表现，也能为锂化时的体积膨胀预留空间，因此 Fe_3O_4@GF 复合物可以在循环过程中保持结构稳定，获得良好的循环性能。

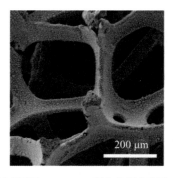

（a）低倍率下的 Fe$_3$O$_4$@GF 复合物的全貌图　（b）较高倍率下的 Fe$_3$O$_4$@GF 复合物的 SEM 图（30μm）

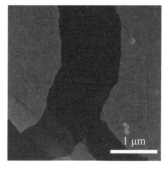

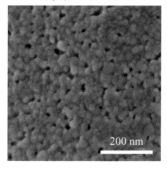

（c）较高倍率下的 Fe$_3$O$_4$@GF 复合物的 SEM 图（1μm）（d）更高倍率下的 Fe$_3$O$_4$ 纳米粒子形貌图

图 4-4　Fe$_3$O$_4$@GF 复合物的 SEM 图

　　使用水热法合成的 Fe$_3$O$_4$-GF 复合物的 SEM 图如图 4-5 所示。图 4-5（a）是低倍率下的全貌图，表明 Fe$_3$O$_4$ 纳米粒子松散地覆盖在 GF 表面，没有沟道和纳米孔，无法缓冲体积膨胀，而且 Fe$_3$O$_4$ 纳米粒子可能会在多次循环后脱离 GF，失去电接触，从而造成循环过程中容量的不断衰减。图 4-5（b）是高倍率下的局部形貌图，表明 Fe$_3$O$_4$ 纳米粒子的排列比较随机，粒径分布范围比较大，且纳米粒子出现了较多的团聚。通过对比可知在合成过程中引入超临界流体 CO$_2$ 可以带来更明显的结构优势，可以使 Fe$_3$O$_4$ 纳米粒子以有序的方式与 GF 紧密结合，同时在体系中引入多级孔隙结构，使材料能够在体积变化中保持结构稳定。

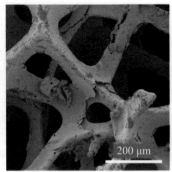

（a）低倍率下的全貌图 　　　　（b）高倍率下的局部形貌图

图 4-5　水热法合成的 Fe_3O_4-GF 复合物的 SEM 图

4.3.5　TEM 分析

图 4-6 是 Fe_3O_4@GF 复合物的 TEM 图和 Fe_3O_4 的粒径分析。大家由图 4-6（a）可以看出 Fe_3O_4 纳米粒子均匀分布在 GF 表面，这有利于电子的传递，而且 Fe_3O_4 纳米粒子之间还存在很多纳米孔，这不仅能够缩短锂离子的传输路径，还可以很好地为体积膨胀预留空间。图 4-6（b）为 Fe_3O_4 纳米粒子的高分辨 TEM 图，大家通过该图可以清晰地看到晶格条纹，其中晶面间距为 0.29 nm 的对应于 Fe_3O_4 纳米粒子的（220）晶面，而晶面间距为 0.48 nm 的对应于（111）晶面。图 4-6（c）为 Fe_3O_4@GF 复合物的 SAED 图，大家通过该图可以看到 Fe_3O_4 纳米粒子的衍射环和石墨烯的衍射点。图 4-6（d）是 Fe_3O_4 纳米粒子的粒径统计图，大家通过该图可以看出 Fe_3O_4 纳米粒子的粒径比较统一，为 11±4 nm。Fe_3O_4 纳米粒子具有如此均匀的粒径是因为超临界流体 CO_2 具有高扩散性、低黏度和低表面张力的特点，能够将纳米粒子在 GF 表面均匀铺展。

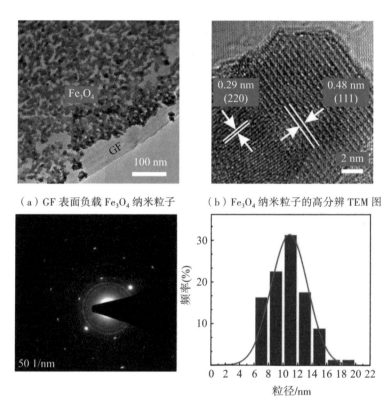

（a）GF 表面负载 Fe₃O₄ 纳米粒子　　（b）Fe₃O₄ 纳米粒子的高分辨 TEM 图

（c）Fe₃O₄@GF 复合物的 SAED 图　　（d）Fe₃O₄ 纳米粒子的粒径统计图

图 4-6　Fe₃O₄@GF 复合物的 TEM 图和 Fe₃O₄ 粒径分析

4.3.6　Fe₃O₄@GF 复合物的结构模型

根据 SEM 和 TEM 分析结果，作者为 Fe₃O₄@GF 复合物构建了如图 4-7 所示的结构模型和充放电示意图。如图 4-7（a）所示，由多层石墨烯构成的 GF 具有三维骨架结构，是 Fe₃O₄ 的三维载体，也是一个理想的导电网络。GF 的表面被 Fe₃O₄ 微米片覆盖，Fe₃O₄ 微米片之间还存在很多沟道 [图 4-7（b）]。而 Fe₃O₄ 微米片是由粒径均一的纳米粒子构成的，中间有很多纳米级的孔隙。由于超临界 CO_2 的作用，Fe₃O₄ 纳米粒子紧密结合在 GF 表面，它们具有较强的相互作用力和良好的电接触，使电子能够在 Fe₃O₄

纳米粒子和石墨烯之间快速传递 [图 4-7（c）]。丰富的多级孔隙结构缩短了锂离子的传输路径，可以提高锂离子的传导速率，也能在 Fe_3O_4 纳米粒子体积膨胀时提供缓冲空间。GF 和 Fe_3O_4 纳米粒子之间的紧密接触可以防止其在体积膨胀时发生团聚，这也避免了 Fe_3O_4 纳米粒子在剧烈的体积变化时脱离 GF 表面。因此 Fe_3O_4@GF 复合物电极有良好的导电性、较高的锂离子传导率以及稳定的多级结构，因而可以获得良好的循环性能和倍率性能。

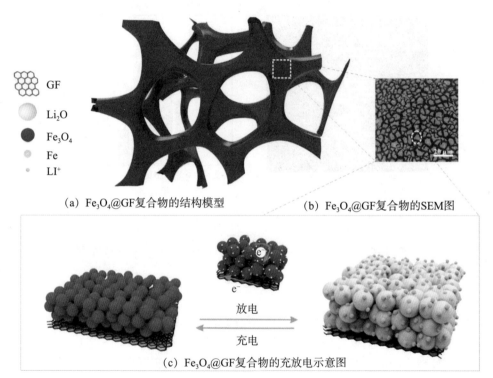

（a）Fe_3O_4@GF复合物的结构模型

（b）Fe_3O_4@GF复合物的SEM图

（c）Fe_3O_4@GF复合物的充放电示意图

图 4-7　Fe_3O_4@GF 复合物的结构模型和充放电示意图

4.3.7　电化学性能测试

4.3.7.1　循环伏安曲线

图 4-8 为 Fe$_3$O$_4$@GF 复合物电极的循环伏安曲线，在首周负向扫描过程中三个还原峰出现了，分别位于 1.51 V、0.61 V 和 0.28 V 处。其中 1.51 V 处的还原峰对应 Li$^+$ 嵌入 Fe$_3$O$_4$ 时导致的结构转变（Fe$_3$O$_4$ + xe$^-$ + xLi$^+$ $\longrightarrow$ Li$_x$Fe$_3$O$_4$），0.61 V 处的还原峰对应于 Li$_x$Fe$_3$O$_4$ 发生转换反应被还原为 Fe（Li$_x$Fe$_3$O$_4$ +（8−x）e$^-$ +（8−x）Li$^+$ $\longrightarrow$ 4Li$_2$O + 3Fe）。而 0.28 V 处的还原峰对应电解液的分解和 SEI 膜的形成，只在首周出现[21]。在随后的循环中，曲线有很好的重现性，嵌锂峰出现在 1.44 V 和 0.68 V 处；而脱锂峰出现在 1.65 V 和 2.17 V 处，这说明 Fe$_3$O$_4$ 的嵌锂和脱锂是一个两步的可逆过程[22]，即从 Fe 到 Fe^{2+} 和 Fe^{2+} 到 Fe^{3+}。除了 Fe$_3$O$_4$ 的嵌锂峰和脱锂峰之外，在 0.12 V 和 0.32 V 处还有一对氧化还原峰，它们分别对应 GF 的锂化和脱锂过程[23]。

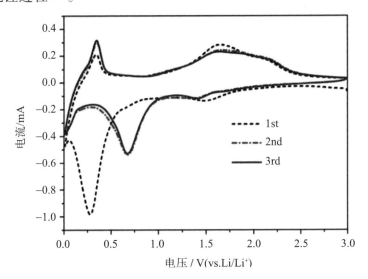

图 4-8　Fe$_3$O$_4$@GF 复合物电极的循环伏安曲线

4.3.7.2 充放电曲线

本书中涉及的研究在 1 C（924 mA/g）电流密度下对 Fe_3O_4@GF 复合物进行了循环性能测试。图 4-9 为 Fe_3O_4@GF 复合物第 1、2、100、200、500 周的充放电曲线。Fe_3O_4@GF 复合物首周的放电比容量为 1 671.4 mAh/g，充电比容量为 1 144.6 mAh/g，可逆比容量的损失是因为 SEI 膜的形成。在第 1 周放电过程中，0.28 V 左右的平台出现了，在随后的循环中，这个平台并没有出现，这说明不可逆反应仅出现在第 1 周，它对应于 SEI 膜的形成，与循环伏安曲线结果一致。随着循环的进行，在低电压时出现的平台逐渐变长，而在高电压时出现的平台几乎消失，这个现象可能是因为在深度循环时材料的锂化和脱锂反应发生了改变[24]。

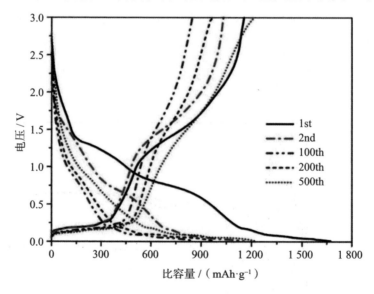

图 4-9 Fe_3O_4@GF 复合物第 1、2、100、200、500 周的充放电曲线

4.3.7.3 循环性能测试

Fe_3O_4@GF 复合物的循环性能如图 4-10 所示，作为对比，本书在相同条件下测试了 Fe_3O_4–GF 复合物和 GF 的循环性能。Fe_3O_4@GF 复合物首周

的可逆比容量为 1 144.6 mAh/g，可逆比容量在前 100 周内出现了衰减，但是在 100 周之后又逐渐上升。容量起伏的可能原因如下。

（1）在循环过程中 Fe_3O_4 纳米粒子发生了粉化，这增加了比表面积，提供了更多的活性位点，更小的 Fe_3O_4 纳米粒子能够更好地和 GF 接触，从而提高了整个电极的导电性。

（2）前几周的容量衰减可能是由于放电过程中不可逆地生成了金属 Fe 纳米粒子，增加了电极的导电性，这有利于电荷传递，使可逆比容量逐渐增加。

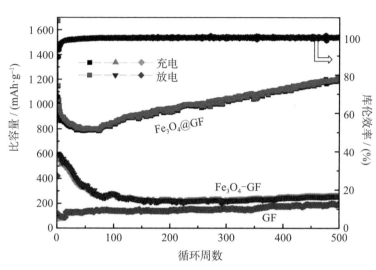

图 4-10　Fe_3O_4@GF 复合物、Fe_3O_4-GF 复合物和 GF 的循环性能

（3）电解液在电极表面分解形成了凝胶状有机聚合物膜，由于赝电容机理，凝胶状有机聚合物膜能够在电势较低时提供锂离子储存位点，从而使电极材料的比容量逐渐增加。循环 500 周之后，Fe_3O_4@GF 复合物的可逆比容量达到了 1 200 mAh/g。

与之形成对比的是，采用水热法合成的 Fe_3O_4-GF 复合物首周的可逆比容量仅为 583.3 mAh/g，且在 80 周内可逆比容量就衰减到了 242.8 mAh/g。这是因为 Fe_3O_4-GF 复合物中 Fe_3O_4 纳米粒子和石墨烯的结合不够紧密，在循环过程中经历多次体积膨胀收缩后会逐渐脱离 GF，这使它们失去电接触，导致容量快速衰减。Fe_3O_4-GF 复合物中的 Fe_3O_4 纳米粒子粒径较大，且本身就存在一定的团聚，这更加剧了体积膨胀带来的后果。GF 在 500 个循环之后可逆比容量不到 200 mAh/g，对复合物的比容量贡献十分有限，主要是作为负载基底和导电网络。

4.3.7.4 倍率性能测试

为了考察 $Fe_3O_4@GF$ 复合物的倍率性能，作者在不同电流密度下测试了其充放电性能，同样将 Fe_3O_4-GF 复合物作为对比，结果如图 4-11 所示。在电流密度分别为 1 C、2 C、5 C、10 C 时，$Fe_3O_4@GF$ 复合物的可逆比容量分别为 934.8 mAh/g、709.4 mAh/g、565.3 mAh/g、334.8 mAh/g。即使是在电流密度为 20 C 时，$Fe_3O_4@GF$ 复合物依然有 261.8 mAh/g 的可逆比容量，表现出优异的倍率性能，这证明 $Fe_3O_4@GF$ 复合物可以实现锂离子和电子的高速传导，并提高了嵌锂/脱锂反应的动力学表现。当电流密度重新回到 1 C 时，$Fe_3O_4@GF$ 复合物的比容量可以恢复到 867.1 mAh/g，这证明电极的结构非常稳定，在经受大电流充放电之后还能保持良好的可逆性。而 Fe_3O_4-GF 复合物在电流密度为 1 C、2 C、5 C、10 C 和 20 C 时可逆比容量分别为 603.3 mAh/g、490.1 mAh/g、320.9 mAh/g、174.4 mAh/g 和 77.0 mAh/g，远低于 $Fe_3O_4@GF$ 复合物的。在电流密度回到 1 C 时，

其比容量仅为 376.5 mAh/g，无法回到最初的水平。本书通过对比充分证明了 $Fe_3O_4@GF$ 复合物多级结构的优越性。

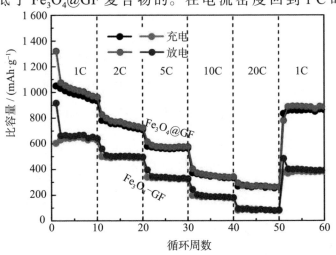

图 4-11　$Fe_3O_4@GF$ 复合物和 Fe_3O_4-GF 复合物的倍率性能

4.3.7.5 EIS 测试

图 4-12 为 Fe$_3$O$_4$@GF 复合物和 Fe$_3$O$_4$-GF 复合物电极在循环前后的 EIS。图中高频区的半圆与电荷转移电阻有关，而低频区的直线与锂离子的固体扩散速率有关。大家可以看出，无论是循环前还是循环后，Fe$_3$O$_4$@GF 复合物电极的电荷转移电阻都比 Fe$_3$O$_4$-GF 复合物电极的小，这证明 Fe$_3$O$_4$@GF 复合物中 Fe$_3$O$_4$ 纳米粒子和 GF 有更好的电接触。循环 500 周之后，Fe$_3$O$_4$@GF 复合物电极的电阻进一步降低，这与前面的推测相符合，即 Fe$_3$O$_4$ 纳米粒子在循环过程中的粉化会使其与 GF 的接触进一步增强，有助于提高电极整体的导电性，增强电极反应的动力学表现。

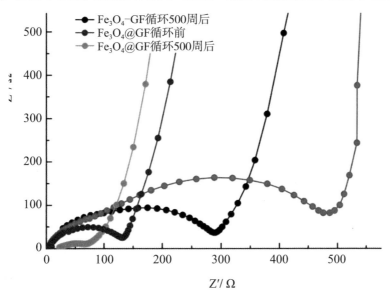

图 4-12 Fe$_3$O$_4$@GF 复合物和 Fe$_3$O$_4$-GF 复合物电极的 EIS

4.3.8 循环后的形貌表征

为了验证 Fe$_3$O$_4$@GF 复合物结构的稳定性，作者对循环后的电极材料进行了 SEM 和 TEM 表征。图 4-13 为 Fe$_3$O$_4$@GF 复合物循环前后的形貌

SEM 图，大家由图 4-13 可以看出 Fe_3O_4@GF 复合物循环前后的形貌变化。由图 4-13（a）和图 4-13（d）的对比可知 GF 具有良好的机械稳定性，经历了挤压和多次循环之后三维交联结构依然得到了保持。由图 4-13（b）和图 4-13（e）可以看出，无论是循环前还是循环后，Fe_3O_4 纳米粒子都和石墨烯有紧密的接触。循环前，Fe_3O_4 纳米粒子间存在一定的孔隙，但是循环 500 周之后这些孔隙几乎消失了，而且 Fe_3O_4 纳米粒子的粒径也减小了，这说明 Fe_3O_4 纳米粒子确实发生了一定程度的粉化，将原来存在的孔隙填满了。图 4-14（a）为 Fe_3O_4@GF 复合物循环后的 TEM 图，由图 4-14（a）可以看出 Fe_3O_4 纳米粒子依然均匀分布在石墨烯表面，粒径均一且有所减小，这证明 Fe_3O_4 纳米粒子和石墨烯之间有较强的相互作用，二者结合十分紧密。作者经过统计分析发现 Fe_3O_4 纳米粒子的粒径由循环前的 11 ± 4 nm 减小为 8 ± 2 nm[图 4-14（b）]，Fe_3O_4 纳米粒子确实发生了粉化。结合前面的 EIS 结果，Fe_3O_4 纳米粒子在发生粉化粒径减小后与石墨烯的相互作用变强了，这使电极的整体导电性提高了，而且使活性位点增加了，是电极在循环过程中性能逐渐提升的主要原因。

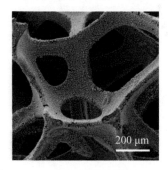
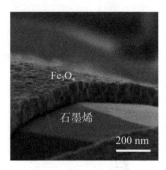

（a）循环前的全貌　　　　　　　（b）循环前 Fe_3O_4 纳米粒子和石墨烯之间有良好接触

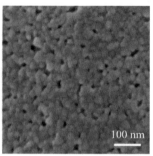

（c）循环前的局部形貌

（d）循环 500 周之后的全貌

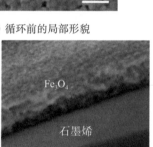

（e）循环 500 周之后 Fe₃O₄ 纳米粒子和石墨烯之间有良好接触

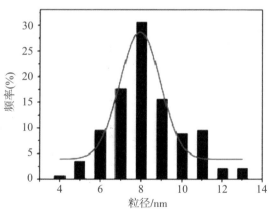

（f）循环 500 周之后的局部形貌

图 4-13　循环前后 Fe₃O₄@GF 复合物的形貌 SEM 图

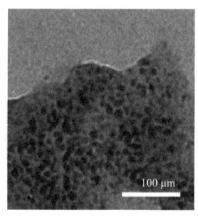

（a）TEM 图

（b）Fe₃O₄ 纳米粒子的粒径分析

图 4-14　Fe₃O₄@GF 复合物循环后的 TEM 图和 Fe₃O₄ 纳米粒子的粒径分析

4.3.9　Fe$_3$O$_4$@GF 复合物与文献中 Fe$_3$O$_4$/ 石墨烯复合物性能的对比

作者将 Fe$_3$O$_4$@GF 复合物的循环性能与文献给出的 Fe$_3$O$_4$/ 石墨烯复合物进行了对比 [7,11,12,25-35]。其中 4-15（a）为循环周数与可逆比容量的比较，图 4-15（b）为电流密度与可逆比容量的对比图，大家由图 4-15 可以发现，作者制备的 Fe$_3$O$_4$@GF 复合物的循环性能在循环次数小于 500 周、电流密度小于 1 C 时要优于大部分文献给出的 Fe$_3$O$_4$/ 石墨烯复合物的性能。

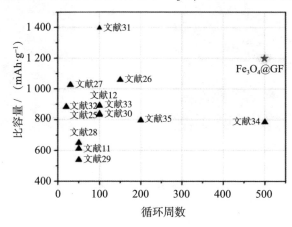

（a）循环周数与可逆比容量的对比图

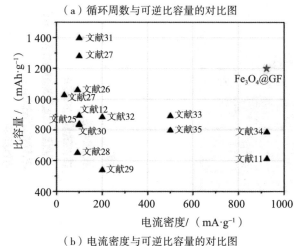

（b）电流密度与可逆比容量的对比图

图 4-15　Fe$_3$O$_4$@GF 复合物与文献中 Fe$_3$O$_4$/ 石墨烯复合物的循环性能对比

4.4 本章小结

本章通过超临界流体 CO$_2$ 辅助法一步合成了 Fe$_3$O$_4$@GF 复合物。在这个结构中 GF 是 Fe$_3$O$_4$ 微米片的载体，也是一个三维的导电网络。GF 表面的 Fe$_3$O$_4$ 微米片是由纳米粒子构成的，其中间有很多孔隙，微米片之间也存在很多沟道。这样的多级孔隙结构能够缩短锂离子的传输路径，增大电极与电解液的接触面积，也能缓冲 Fe$_3$O$_4$ 纳米粒子在锂化过程中的体积膨胀。Fe$_3$O$_4$ 纳米粒子和石墨烯之间有紧密的接触，既能防止其在体积膨胀时发生团聚，也能提供良好的电接触，提高电子传输速率。Fe$_3$O$_4$@GF 复合物的多级结构既能提高锂离子和电子的传输速率，也能缓冲体积膨胀，使其在循环过程中保持结构稳定，因而 Fe$_3$O$_4$@GF 复合物获得了良好的循环性能和倍率性能。在 1 C 电流密度下循环 500 周后，电池的可逆比容量可达 1 200 mAh/g，因此这类电池有较高的可逆比容量和较好的循环稳定性。在倍率性能方面，当电流密度为 20 C 时，Fe$_3$O$_4$@GF 复合物的可逆比容量依然可达 261.8 mAh/g，且当电流密度回到 1 C 时，Fe$_3$O$_4$@GF 复合物依然有 867.1 mAh/g 的可逆比容量，表现出优秀的倍率性能和较高的结构稳定性。

参考文献

[1]   POIZOT P, LARUELLE S, GRUGEON S, et al. Nano-sized transition-metal oxides as negative-electrode materials for lithium-ion batteries [J]. Nature, 2000, 407（6803）：496–499.

[2]   ZHANG W M, WU X L, HU J S, et al. Carbon coated Fe_3O_4 nanospindles as a superior anode material for lithium-ion batteries [J]. Adv. Funct. Mater., 2008, 18（24）：3941–3946.

[3]   TABERNA P L, MITRA S, POIZOT P, et al. High rate capabilities Fe_3O_4-based Cu nano-architectured electrodes for lithium-ion battery applications [J]. Nat. Mater., 2006, 5（7）：567–573.

[4]   CHEN J, XU L N, LI W Y, et al. α - Fe_2O_3 nanotubes in gas sensor and lithium-ion battery applications [J]. Adv. Mater., 2005, 17（5）：582–586.

[5]   KOO B, XIONG H, SLATER M D, et al. Hollow iron oxide nanoparticles for application in lithium-ion batteries [J]. Nano Lett., 2012, 12（5）：2429–2435.

[6]   LIU J P, LI Y Y, FAN H J, et al. Iron oxide-based nanotube arrays derived from sacrificial template-accelerated hydrolysis：Large-area design and reversible lithium storage [J]. Chem. Mater., 2010, 22（1）：212–217.

[7]   ZHOU G M, WANG D W, LI F, et al. Graphene-wrapped Fe_3O_4 anode material with improved reversible capacity and cyclic stability for lithium-ion batteries [J]. Chem. Mater., 2010, 22（18）：5306–5313.

[8]   WU Y, WEI Y, WANG J P, et al. Conformal Fe_3O_4 sheath on aligned carbon

nanotube scaffolds as high-performance anodes for lithium-ion batteries [J]. Nano Lett., 2013, 13（2）：818–823.

[9] LI N, CHEN Z, REN W, et al. Flexible graphene-based lithium-ion batteries with ultrafast charge and discharge rates [J]. Proc. Natl. Acad. Sci. U S A, 2012, 109（43）：17360–17365.

[10] CAO X H, ZHENG B, RUI X H, et al. Metal oxide-coated three-dimensional graphene prepared by the use of metal-organic frameworks as precursors [J]. Angew. Chem. Int. Ed. ENGL., 2014, 53（5）：1404–1409.

[11] BHUVANESWARI S, PRATHEEKSHA P M, ANANDAN S, et al. Efficient reduced graphene oxide grafted porous Fe_3O_4 composite as a high performance anode material for Li-ion batteries [J]. Phys. Chem. Chem. Phys., 2014, 16（11）：5284–5294.

[12] CAI M C, QIAN H, WEI Z K, et al. Polyvinyl pyrrolidone-assisted synthesis of a Fe_3O_4/graphene composite with excellent lithium storage properties [J]. RSC Advances, 2014, 4（13）：6379–6382.

[13] SEKI T, GRUNWALDT J D, BAIKER A. Heterogeneous catalytic hydrogenation in supercritical fluids：Potential and limitations [J]. Ind. Eng. Chem. Res., 2008, 47（14）：4561–4585.

[14] DONG X C, XU H, WANG X W, et al. 3D graphene-cobalt oxide electrode for high-performance supercapacitor and enzymeless glucose detection [J]. ACS Nano, 2012, 6（4）：3206–3213.

[15] LUO J S, LIU J L, ZENG Z Y, et al. Three-dimensional graphene foam supported Fe_3O_4 lithium battery anodes with long cycle life and high rate capability [J]. Nano Lett., 2013, 13（12）：6136–6143.

[16] CHEN Z P, REN W C, GAO L B, et al. Three-dimensional flexible and conductive interconnected graphene networks grown by chemical vapour deposition [J]. Nat. Mater., 2011, 10（6）：424–431.

[17] LI P, JIANG E Y, BAI H L. Fabrication of ultrathin epitaxial γ - Fe_2O_3 films by reactive sputtering [J]. J. Phys. D：Appl. Phys., 2011, 44（7）：075003.

[18] FUJII T, DE GROOT F M F, SAWATZKY G A, et al. In situ XPS analysis of various iron oxide films grown by NO_2-assisted molecular-beam epitaxy [J]. Phys. Rev. B, 1999, 59（4）：3195–3202.

[19] YAMASHITA T, HAYES P. Analysis of XPS spectra of Fe^{2+} and Fe^{3+} ions in oxide materials [J]. Appl. Surf. Sci., 2008, 254（8）：2441–2449.

[20] BHARGAVA G, GOUZMAN I, CHUN C M, et al. Characterization of the 'native' surface thin film on pure polycrystalline iron：A high resolution XPS and TEM study [J]. Appl. Surf. Sci., 2007, 253（9）：4322–4329.

[21] XIAO Z, XIA Y, REN Z H, et al, Han G. Facile synthesis of single-crystalline mesoporous α -Fe_2O_3 and Fe_3O_4 nanorods as anode materials for lithium-ion batteries [J]. J. Mater. Chem., 2012, 22（38）：20566–20573.

[22] MORALES J, SANCHEZ L, MARTIN F, et al. Synthesis and characterization of nanometric iron and iron-titanium oxides by mechanical milling：Electrochemical properties as anodic material in lithium cells [J]. J. Electrochem. Soc., 2005, 152（9）：A1748–A1754.

[23] FRACKOWIAK E, BEGUIN F. Electrochemical storage of energy in carbon nanotubes and nanostructured carbons [J]. Carbon, 2002, 40（10）：1775–1787.

[24] HE C N, WU S, ZHAO N Q, et al. Carbon-encapsulated Fe_3O_4 nanoparticles as

a high-rate lithium-ion battery anode material [J]. ACS Nano, 2013, 7（5）: 4459–4469.

[25] CHEN D Y, JI G, MA Y, et al. Graphene-encapsulated hollow Fe_3O_4 nanoparticle aggregates as a high-performance anode material for lithium-ion batteries [J]. ACS Appl. Mater. Interfaces, 2011, 3（8）: 3078–3083.

[26] WEI W, YANG S B, ZHOU H X, et al. 3D graphene foams cross-linked with pre-encapsulated Fe_3O_4 nanospheres for enhanced lithium storage [J]. Adv. Mater., 2013, 25（21）: 2909–2914.

[27] BEHERA S K. Enhanced rate performance and cyclic stability of Fe_3O_4-graphene nanocomposites for Li-ion battery anodes [J]. Chem. Commun., 2011, 47（37）: 10371–10373.

[28] ZHANG M, LEI D, YIN X M, et al. Magnetite/graphene composites: Microwave irradiation synthesis and enhanced cycling and rate performances for lithium-ion batteries [J]. J. Mater. Chem., 2010, 20（26）: 5538–5543.

[29] LI B J, CAO H Q, SHAO J, et al. Superparamagnetic Fe_3O_4 nanocrystals@ graphene composites for energy storage devices [J]. J. Mater. Chem., 2011, 21（13）: 5069–5075.

[30] ZHUO L H, WU Y Q, WANG L Y, et al. CO_2-expanded ethanol chemical synthesis of a Fe_3O_4@graphene composite and its good electrochemical properties as anode material for Li-ion batteries [J]. J. Mater. Chem. A, 2013, 1（12）: 3954–3960.

[31] LIANG C L, ZHAI T, WANG W, et al. Fe_3O_4/reduced graphene oxide with enhanced electrochemical performance towards lithium storage [J]. J. Mater. Chem. A, 2014, 2（20）: 7214–7220.

[32] HU A P, Chen X H, TANG Q L, et al. One-step synthesis of Fe_3O_4@C/reduced-graphite oxide nanocomposites for high-performance lithium-ion batteries [J]. J. Phys. Chem. Solids, 2014, 75（5）: 588–593.

[33] ZHOU Q, ZHAO Z B, WANG Z Y, et al. Low temperature plasma synthesis of mesoporous Fe_3O_4 nanorods grafted on reduced graphene oxide for high performance lithium storage [J]. Nanoscale, 2014, 6（4）: 2286–2291.

[34] LUO J S, LIU J L, ZENG Z Y, et al. Three-dimensional graphene foam supported Fe_3O_4 lithium battery anodes with long cycle life and high rate capability [J]. Nano Lett., 2013, 13（12）: 6136–6143.

[35] ZHOU J S, SONG H H, MA L L, et al. Magnetite/graphene nanosheet composites: Interfacial interaction and its impact on the durable high-rate performance in lithium-ion batteries [J]. RSC Advances, 2011, 1（5）: 782–791.

5　GE-Si 复合物的制备及性能研究

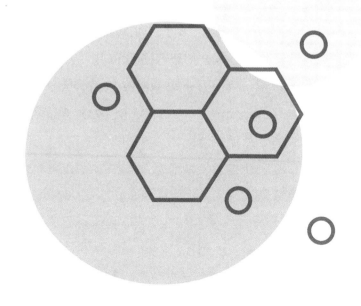

5.1　引言

与传统的石墨相比，Si 具有超高的理论比容量（4 200 mAh/g，对应于 Li$_{4.4}$Si 合金）和较低的脱锂电位（< 0.5 V），而且自然储量丰富，是一种非常有潜力的锂离子电池负极材料 [1-3]。但是，Si 作为锂离子电池负极材料也存在一些缺点。在电化学循环过程中，锂离子的嵌入和脱出会使材料产生 300% 以上的膨胀和收缩，这产生的机械应力会使材料逐渐粉化，造成结构坍塌，最终导致材料脱离集流体，丧失电接触，使电池循环性能大大降低 [4]。此外，这种体积效应使 Si 难以在电解液中形成稳定的 SEI 膜，随着电极结构的破坏，新的 SEI 膜在暴露的 Si 表面上持续形成，这加剧了 Si 的腐蚀和容量衰减 [5-6]。为了提高 Si 负极的性能，两个问题必须得到解决：释放体积变化带来的应力和稳定 SEI 膜。为了释放体积变化带来的应力，一个有效的策略是设计纳米结构，因为将材料减小至纳米尺寸后，体积变化带来的应力能够减小或消失 [7-8]。为了稳定 SEI 膜，纳米结构表面需要包覆保护层 [9-11]。作者通过 CVD 法在负载了 Si 纳米粒子的 GF 上又生长了一层石墨烯，将 Si 封装在石墨烯和 GF 中，形成了一种类似松果的三维异质结构。在这个结构中，GF 为 Si 纳米粒子提供了一个三维骨架，同时是一个三维的导电网络。Si 纳米粒子牢牢地嵌在 GF 表面，具有较大的比表面积，这有利于与电解液的接触和锂离子的传导，减小了体积变化带来的应力。在 Si 表面直接生长的石墨烯是部分交叠的，就像松果的鳞片一样，既能避免 Si 与电解液的直接接触，也能通过层间滑移缓冲 Si 的体积膨胀，保持电极结构和导电网络的完整性。

5.2 制备方法

5.2.1 超临界流体 CO_2 辅助法制备 SiO_2@GF 复合物

在本书中，通过超临界流体 CO_2 辅助法使正硅酸乙酯（tetraethoxysilane, TEOS）分解生成的 SiO_2 均匀负载在 GF 表面，具体的操作过程如下：取 2 mL TEOS 加入 20 mL 无水乙醇中，再将 1 mL 乙酸和 1 mL 超纯水加入其中促进 TEOS 的水解。将上述溶液转入一个 100 mL 的不锈钢反应釜中，并将 4 片 GF 放入反应釜中。将反应釜封口拧紧后，接入超临界流体反应系统，用微流泵将 CO_2 压入反应釜，直至反应釜内的压强达到 9 MPa。然后将反应釜放入烘箱，设置反应温度为 120℃，反应时间为 10 h。反应结束后，先打开气体阀门将 CO_2 放出，再打开反应釜取出 GF，并将其用超纯水浸洗 5 次，乙醇浸洗 1 次，放入真空干燥箱中，在 90℃下干燥 6 h，即得到负载有 SiO_2 的 GF（SiO_2@GF 复合物）。

5.2.2 镁热还原法制备 Si NPs@GF 复合物

制备出 SiO_2@GF 复合物之后，再通过镁热还原法还原其表面的 SiO_2，得到纳米 Si 与 GF 的复合物（Si NPs@GF 复合物）。

反应方程式如下：

$$2Mg + SiO_2 \longrightarrow 2MgO + Si \tag{5-1}$$

具体的实验方法如下：在刚玉舟的底部放入镁带，将负载有 SiO_2 的 GF 放在镁带上，将刚玉舟放入管式炉中，将氩气（Ar）通入炉中，炉中温度以 5℃/min 的升温速率升至 700℃，并在 700℃下恒温 4 h 之后，自然冷却至室温。取出反应产物，将其放入事先配制好的 2 mol/L 盐酸溶液中，除去 MgO 和过量的 Mg。除去杂质后，将其用超纯水浸洗 5 次，放入真空干燥箱中，在 90℃下干燥 6 h。

5.2.3　CVD 法在 Si 纳米粒子表面生长石墨烯制备 GE-Si 复合物

为了保护 Si 纳米粒子不受电解液的侵蚀，在本书中，通过 CVD 法在 Si 纳米粒子表面生长了石墨烯（作为保护层），将 Si 纳米粒子封装起来制备成 GE-Si 复合物。具体的实验方法如下：取 4 片 Si NPs@GF 放入石英舟中，将石英舟放入管式炉，设置氩气（Ar）流量为 150 cm³/min，氢气（H_2）流量为 30 cm³/min，炉中温度 30 min 内升温至 800℃，然后将流量为 3 cm³/min 的 C_2H_2 通入 3 min，即可在 Si 纳米粒子表面生长出石墨烯。

5.3　结果分析

5.3.1　SiO_2@GF 复合物

5.3.1.1 XRD 分析

图 5-1 是 SiO_2@GF 复合物的 XRD 图，图 5-1 中有属于石墨烯的（002）和（004）衍射峰[12]，但是并没有 SiO_2 的衍射峰，仅在 23° 左右有一个较宽的鼓包峰，这说明 GF 表面的 SiO_2 可能是无定形的，无法通过 XRD 来判断具体的物相和结构，需要其他表征来验证。

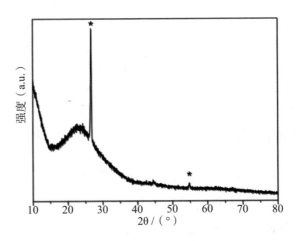

图 5-1 SiO$_2$@GF 复合物的 XRD 图

5.3.1.2 XPS 分析

为了确认第一步反应所得 SiO$_2$@GF 复合物的组成，作者对其进行了 XPS 测试，结果如图 5-2 所示。其中图 5-2（a）为 SiO$_2$@GF 复合物的 Si 谱，只有 Si–O–Si 位于 103.6 eV 的一个峰。图 5-2（b）为 SiO$_2$@GF 复合物的 O 谱，位于 532.8 eV 的峰表明氧原子与 Si 发生了键合。大家由此可以推知第一步反应的产物确实为负载了无定形 SiO$_2$ 的 GF。

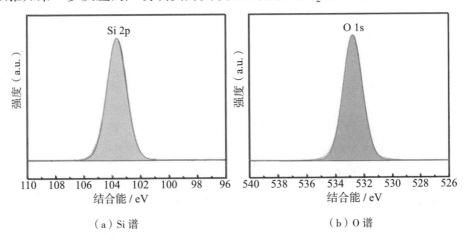

（a）Si 谱　　　　　　　　　　　（b）O 谱

图 5-2 SiO$_2$@GF 复合物的 XPS 图谱

5.3.1.3 SEM 分析

图 5-3 是 GF 和 SiO$_2$@GF 复合物的形貌 SEM 图。大家由图 5-3（a）可以看出 GF 的表面比较平整，有一些褶皱但是没有破裂的地方。图5-3（b）是 SiO$_2$@GF 复合物的 SEM 图，表明 GF 的表面已完全被无定形 SiO$_2$ 所覆盖，形成了均匀的 SiO$_2$ 层。形成如此均匀的覆盖是由于超临界流体 CO$_2$ 具有低黏度、零表面张力、高扩散性等特点，十分适合于合成分散均匀的纳米结构。SiO$_2$ 与石墨烯表面的结合十分紧密，甚至还继承了石墨烯表面的褶皱。SiO$_2$ 层中有一些裂痕形成的沟道，它们的形成可能是由于石墨烯和 SiO$_2$ 具有不同的膨胀系数。沟道的形成能够释放 SiO$_2$ 纳米层的应力，有利于维持结构的稳定。

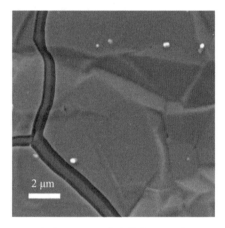

（a）GF 的 SEM 图　　　　　　　（b）SiO$_2$@GF 复合物的 SEM 图

图 5-3　GF 和 SiO$_2$@GF 复合物的 SEM 图

5.3.1.4 TEM 分析

为了进一步了解 SiO$_2$@GF 复合物的结构，本书对其进行了 TEM 表征，结果如图 5-4 所示。大家由图 5-4（a）可以看出 GF 完全被 SiO$_2$ 纳米层所覆盖，而且厚度十分均匀。图 5-4（a）中右上角的插图是这个区域的 SAED 图，六边形的点阵是石墨烯的结构，有不只一套衍射斑点说明石墨烯是多层的。图 5-4（a）中并没有 SiO_2 的衍射点阵，说明 SiO_2 确实是无定形的。图 5-4（b）是图 5-4（a）的边缘处的高分辨率 TEM 图，大家从图 5-4（b）中可以清楚地看到石墨烯的晶格条纹和 SiO_2 层的无定形结构，这说明二者结合得十分紧密。

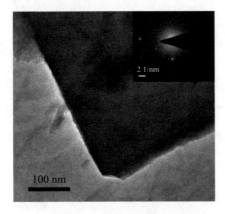
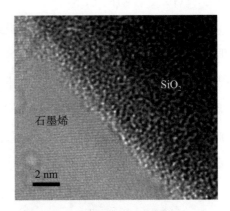

（a）低倍率下的 TEM 图　　　　　　　　（b）高分辨率下的 TEM 图

图 5-4　SiO_2@GF 复合物的 TEM 图

5.3.2　Si NPs@GF 复合物

5.3.2.1 XRD 分析

将 SiO_2@GF 复合物经镁热还原后得到了 Si NPs@GF 复合物，作者对其进行了一系列的结构表征和电化学性能表征。图 5-5 是 SiO_2@GF 复合物和 Si NPs@GF 复合物的 XRD 对比图。大家由图 5-5 可以看出经过镁热还原之后，除了石墨烯的两个衍射峰之外，新的衍射峰还出现了 3 个，分别位于 28.5°、47.4° 和 56.2°，对应 Si 的（111）、（220）和（311）衍射晶面（JPCDS 卡片 75-1621），这说明经过镁热还原之后，石墨烯表面的无定形 SiO_2 确实被还原成了具有一定结晶性的 Si。

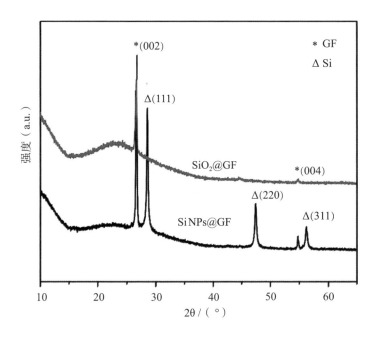

图 5-5　SiO_2@GF 复合物和 Si NPs@GF 复合物的 XRD 对比图

5.3.2.2 XPS 分析

为了进一步验证还原结果，作者测试了 Si NPs@GF 复合物的 XPS，结果如图 5-6 所示。图 5-6（a）为 Si NPs@GF 复合物的 Si 谱，大家由图 5-6（a）可以看到镁热还原之后位于 99.4 eV 处的 Si—Si 键的峰出现了。而 Si—O—Si 键的峰依然存在，这可能是因为 Si 表面还存在微量的残留 SiO_2。大家由图 5-6（b）的全谱对比可以看出，镁热还原之后 O 峰的强度出现了大幅降低，这证明 SiO_2 确实被还原成了 Si。

163

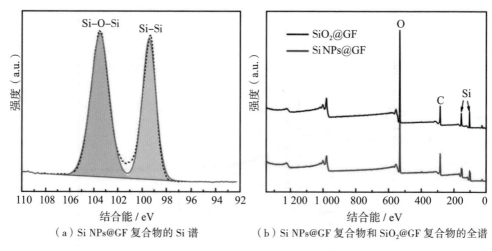

（a）Si NPs@GF 复合物的 Si 谱　　　　（b）Si NPs@GF 复合物和 SiO₂@GF 复合物的全谱

图 5-6　Si NPs@GF 复合物和 SiO₂@GF 复合物的 XPS 图谱

5.3.2.3 拉曼光谱分析

图 5-7 为 Si NPs@GF 复合物的拉曼光谱，其中 513 cm⁻¹ 处的强峰与晶体 Si 中 Si–Si 键的伸缩振动有关 [13]，而 950 cm⁻¹ 处形成的强度较弱且峰形较宽的峰是由无定形 Si 中 Si–Si 键的伸缩振动形成的，这说明复合物中也存在少量的无定形 Si[14]。拉曼光谱中没有出现石墨烯的峰，可能的原因是 Si 层屏蔽了激光使其无法到达石墨烯表面。拉曼光谱分析结果也进一步表明 SiO₂ 确实被还原成了 Si。

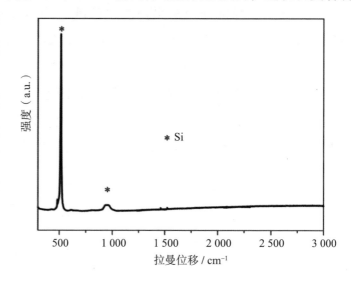

图 5-7　Si NPs@GF 复合物的拉曼光谱

5.3.2.4 SEM 分析

图 5-8 是 Si NPs@GF 复合物的 SEM 图，大家由图 5-8（a）和图 5-8（b）可以看出还原后原本光滑均一的 SiO_2 层变成了疏松多孔的结构。这种形貌的产生是由镁蒸气还原导致的，镁蒸气到达石墨烯表面后嵌入 SiO_2 层并与之发生反应，反应生成的 MgO 也嵌在 Si 之间，复合物与盐酸反应刻蚀掉 MgO 之后，就会产生许多孔隙。经过镁热还原等一系列处理之后，GF 的骨架结构没有发生明显的变化，这主要得益于石墨烯良好的机械性能和化学稳定性。经过镁热还原之后，Si 层中依然存在较多的沟道，这些沟道和 Si 层中丰富的纳米孔不仅可以缩短锂离子的传输路径，增大电解液和电极材料的接触面积，促进锂离子的嵌入和传输，还能为体积膨胀预留空间，使复合物在充放电过程中保持结构稳定。大家由图 5-8（c）和 5-8（d）可以看出，在更高倍率下多孔 Si 层是由纳米级的颗粒组成的，Si 纳米粒子粒径均一，在石墨烯表面的分布也十分均匀。

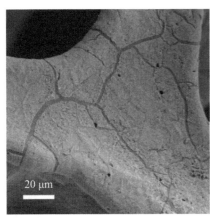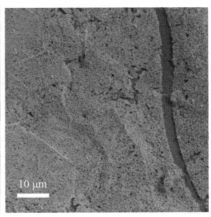

（a）低倍率下的全貌　　　　　　　（b）较高倍率下的沟道

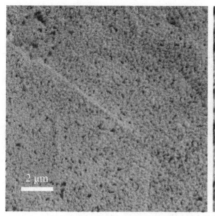 

（c）较高倍率下的孔隙结构　　　　　（d）更高倍率下的 Si 纳米粒子

图 5-8　Si NPs@GF 复合物的 SEM 图

为了评估 Si 在石墨烯表面的分布情况，本书利用 SEM 对选定区域的 Si NPs@GF 复合物进行了 EDX 元素分布测试，结果如图 5-9 所示。图 5-9（a）为 SEM 下选定的测试区域，图 5-9（b）及图 5-9（c）分别为选定区域的 C 元素及 Si 元素的分布图。石墨烯为负载基底，所以 C 元素的分布呈现出 GF 的骨架结构，而 Si 元素的分布基本与 C 元素一致且十分均匀，这说明 Si 纳米粒子在石墨烯表面的分布也十分均匀。图 5-9(d）是 Si NPs@GF 复合物中各元素的总谱图，除了 Si 元素和 C 元素之外，O 元素也出现了，这可能是因为 Si 纳米粒子表面残留了部分 SiO_2。

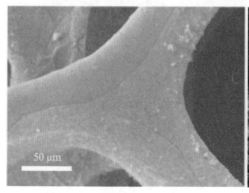 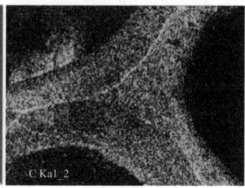

（a）SEM 下选定的测试区域　　　　　（b）选定区域的 C 元素分布图

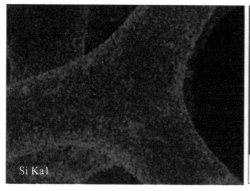

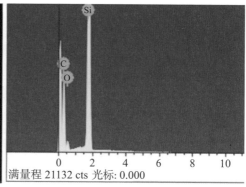

（c）选定区域的 Si 元素分布图　　　　　　（d）Si NPs@GF 复合物中各元素总谱图

图 5-9　Si NPs@GF 复合物的 EDX 元素分布图

5.3.2.5 TEM 分析

图 5-10 是 Si NPs@GF 复合物的 TEM 图。在图 5-10（a）中具有丰富孔隙的 Si 层均匀分布在石墨烯表面。这些孔隙的形成是由于镁蒸气在镁热还原过程中对 SiO_2 层的侵蚀，Si 层中的孔隙可以为 Si 纳米粒子体积膨胀预留空间。由较高倍率下 Si 纳米粒子 TEM 图（图 5-10（b））可以看到 Si 层是由许多纳米粒子组成的，粒径比较均匀，在 30 nm 左右，图 5-10（b）中右上角的插图是该区域的 SAED 图。较小的粒径可以缩短锂离子的传输路径，也能在一定程度上减少体积膨胀[15]。从图 5-10(c）中可以清晰地看到 Si 纳米粒子的晶格条纹，它对应于（111）晶面，晶面间距为 0.31 nm。在 Si 纳米粒子的表面可以看到一层无定形物质，根据前面 XPS 和拉曼光谱分析结果，这些物质应该是未完全反应的 SiO_2 和无定形 Si。它们不仅可以缓冲 Si 纳米粒子在锂化过程中的体积膨胀，还可以发生锂化反应，是一个多功能的保护层[16]。图 5-10（d）是 Si 纳米粒子和石墨烯的晶格条纹，大家由此可以看出石墨烯和 Si 纳米粒子的结合十分紧密。

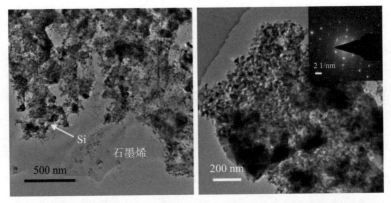

（a）低倍率下 Si 分布在石墨烯上　　　　　（b）较高倍率下 Si 纳米粒子

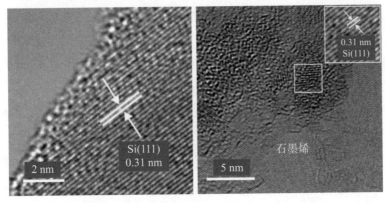

（c）Si 纳米粒子的晶格条纹　　　　（d）Si 纳米粒子和石墨烯的晶格条纹

图 5-10　Si NPs@GF 复合物的 TEM 图

5.3.2.6 电化学性能测试

（1）循环性能测试。图 5-11 和图 5-12 分别为 Si NPs@GF 复合物的充放电曲线和对应的循环性能。图 5-11 中前两周的电流密度为 0.1 C（420 mA/g），随后电流密度增加为 0.5 C（2 100 mA/g）。图 5-11 为 Si NPs@GF 复合物第 1、2、5、100、300 周的充放电曲线。Si NPs@GF 复合物首周的放电比容量为 2 009.2 mAh/g，充电比容量为 1 446.4 mAh/g，库伦效率为 72.0%，首周库伦效率明显优于部分文献给出的复合物的首周库伦效率。不可逆比容量的产生主要是由于首周放电过程中形成了 SEI 膜。

第 2 周的可逆比容量为 1 298 mAh/g，库伦效率升为 91.2%。电流密度增加为 0.5 C 后，可逆比容量出现了小幅下降，为 1 148.3 mAh/g。随后容量开始衰减，一直到 100 周之后衰减趋势才逐渐变缓，而可逆比容量已降至 647.2 mAh/g，在此期间库伦效率一直不稳定，这说明 SEI 膜在分解和重复形成。越来越厚的 SEI 膜会影响锂离子的传输，造成可逆比容量不断损失。300 周之后，Si NPs@GF 复合物的可逆比容量仅为 429 mAh/g，循环稳定性不够理想。虽然石墨烯作为负载基底可以增强材料整体的导电性，并可以缓解体积膨胀带来的应力，但是 Si 纳米粒子表面的 SEI 膜会在充放电过程中重复破裂和形成，造成可逆比容量不断衰减。

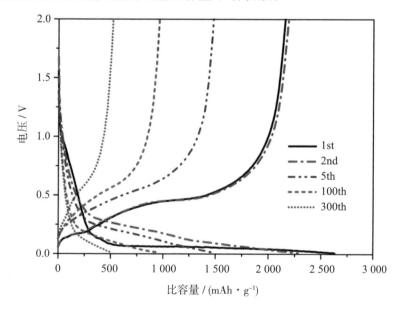

图 5-11　Si NPs@GF 复合物在第 1、2、5、100、300 周的充放电曲线

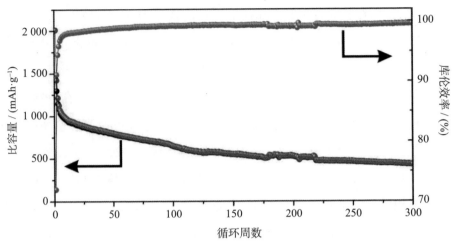

图 5-12　Si NPs@GF 复合物的循环性能

（2）倍率性能测试。作者也对 Si NPs@GF 复合物的倍率性能进行了
测试，结果如图 5-13 所示。在电流密度分别为 420 mA/g、840 mA/g、
2 100 mA/g、4 200 mA/g 时，电池的可逆比容量分别为 1 616.1 mAh/g、
1 036.3 mAh/g、616.1 mAh/g、194.5 mAh/g。当电流密度达到最高
4 200 mA/g 时，电池的可逆比容量仅为 20 mAh/g，倍率性能不佳。可能
的原因是 Si 纳米粒子
在体积膨胀时发生了
团聚，不利于锂离子
的快速扩散，而 SEI
膜的不断形成也会对
锂离子的传导产生影
响。所以要想获得良
好的倍率性能必须对
Si 纳米粒子表面进行
保护。

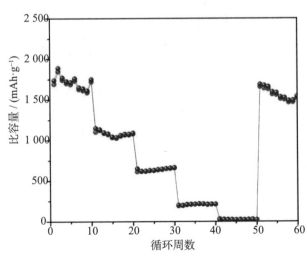

图 5-13　Si NPs@GF 复合物的倍率性能

（3）EIS 测试。作者也对 Si NPs@GF 复合物进行了 EIS 测试，以研究其在充放电过程中的电荷转移和锂离子扩散动力学表现。如图 5-14 所示，本书分别测试了 Si NPs@GF 复合物电极循环前、100 个循环后、300 个循环后的 EIS。图 5-14 中的 EIS 都是由高频区的半圆和低频区的直线构成的。高频区的半圆与电荷转移电阻有关，而低频区的直线与锂离子扩散系数相关。大家由图 5-14 可以看出，随着循环的进行，高频区的半圆直径在不断变大，这说明电荷转移电阻在不断增大，这是由于 Si 表面的 SEI 膜不稳定，在不断地破裂和重新形成。不断增厚的 SEI 膜增大了电池的内阻，影响了电荷的转移，也造成了电池可逆比容量的不断衰减。

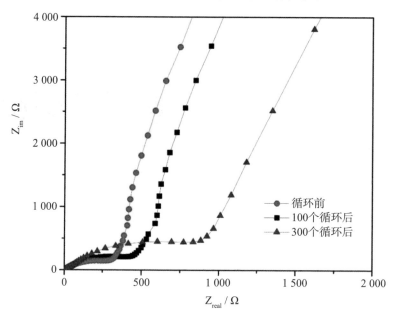

图 5-14 Si NPs@GF 复合物电极的 EIS

5.3.3 GE-Si 复合物

5.3.3.1 XRD 分析

图 5-15（a）为 GE-Si 复合物、Si NPs@GF 复合物和 SiO₂@GF 复合物的 XRD 对比图，大家由图 5-15（a）可以看出 Si 纳米粒子表面被石墨烯包覆之后，XRD 图并无明显变化，这说明 CVD 法对原有的组分并没有影响。图 5-15（b）分别为 GF、GE-Si 复合物，Si NPs@GF 复合物和 SiO₂@GF 复合物的对比照片，由图可以清楚地看到在合成过程中 GF 经历的一系列外观变化，但是 GF 的结构几乎没有变化，这充分证明 GF 具有很好的化学稳定性。

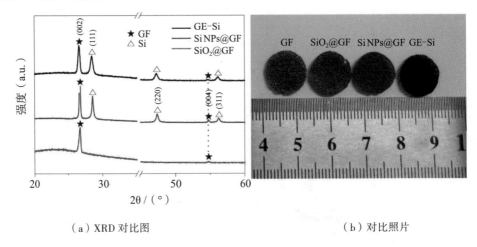

（a）XRD 对比图　　　　　　（b）对比照片

图 5-15　GE-Si 复合物、Si NPs@GF 复合物和 SiO₂@GF 复合物的 XRD 对比图和对比照片

5.3.3.2 拉曼光谱分析

图 5-16 为 Si NPs@GF 复合物和 GE-Si 复合物的拉曼光谱，由图 5-16 可以看出经过 CVD 法包覆石墨烯之后，位于 513 cm⁻¹ 和 950 cm⁻¹ 处的 Si 特征峰基本没有变化。GE-Si 复合物的拉曼光谱中出现了石墨烯的特征峰

G 峰和 2D 峰，证明 Si 纳米粒子表面确实被石墨烯所包覆。此外，GE-Si 复合物的拉曼光谱中也出现了较强的 D 峰，说明包覆 Si 纳米粒子的石墨烯可能存在一定的缺陷。

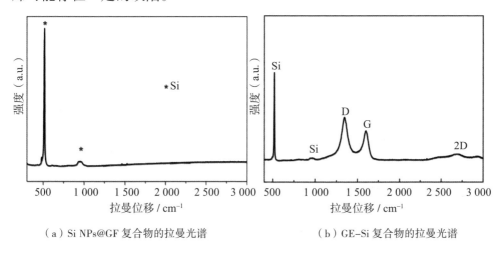

（a）Si NPs@GF 复合物的拉曼光谱　　　　（b）GE-Si 复合物的拉曼光谱

图 5-16　Si NPs@GF 复合物和 GE-Si 复合物的拉曼光谱

5.3.3.3 TEM 分析

在 SEM 下，Si NPs@GF 复合物和 GE-Si 复合物呈现几乎一样的形貌，因为 Si 纳米粒子表面的石墨烯层为纳米级的，在 SEM 的放大倍率下无法看到。因此，作者对 GE-Si 复合物做了 TEM 表征，结果如图 5-17 所示。在图 5-17（a）和图 5-17（b）中，可以看到 Si 纳米粒子尺寸依然均一，且均匀分布在 GF 表面。包覆石墨烯后，Si 纳米粒子的粒径大约为 45 nm，比包覆前略有增长。在图 5-17（c）中，高分辨率 TEM 下，可以看到 Si 的（111）晶面和石墨烯的（002）晶面，其晶面间距分别为 0.31 nm 和 0.34 nm，这证明石墨烯确实包覆了 Si 纳米粒子。Si 纳米粒子表面的石墨烯有的沿表面一层层生长，将 Si 纳米粒子包覆，有的在 Si 纳米粒子表面无序生长，如图 5-17（c）中箭头所指。Si 纳米粒子表面的石墨烯层大约为 5 nm 厚，有 7～9 层，如图 5-17（d）所示。石墨烯和 Si 纳米粒子之间没有明显的边界，证明石墨烯和 Si 纳米粒子的结合十分紧密。Si 纳米粒子表面的石墨烯大多数是部分交叠生长的，如图 5-17（e）和图 5-17（f）所示。这种交叠生长的石墨烯可以在 Si 纳米粒子膨胀时发生层间滑移，缓冲体积膨胀的应力，而且可以始终保护 Si 纳米粒子不受电解液的侵蚀[17]。当 Si 纳米粒子收缩时，其表面的石墨烯也会回到部分交叠的状态，可伸缩的石墨烯外衣就像松果的鳞片一样始终保护着 Si 纳米粒子。

 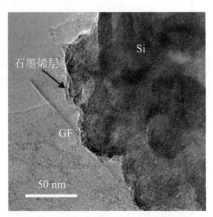

（a）较低倍率下 GF 负载的 Si 纳米粒子被石墨烯包覆 （b）低倍率下 GF 负载的 Si 纳米粒子被石墨烯包覆

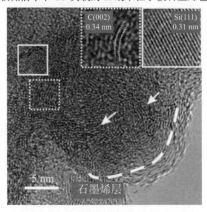 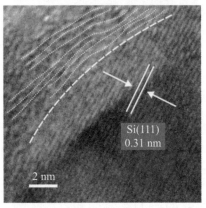

（c）高分辨率 TEM 下 Si 纳米粒子表面的石墨烯 （d）较高分辨率 TEM 下 Si 纳米粒子表面的石墨烯

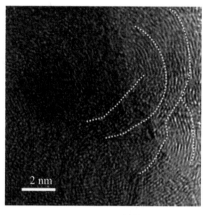
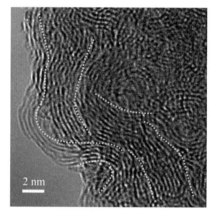

（e）Si 纳米粒子表面的石墨烯是部分交叠的（1）　　（f）Si 纳米粒子表面的石墨烯是部分交叠的（2）

图 5-17　GE-Si 复合物的 TEM 图

5.3.3.4 GE-Si 复合物的结构模型

通过 SEM 和 TEM 的分析，作者认为所合成的 GE-Si 复合物具有和松果类似的结构。如图 5-18（a）所示，当"松果"还未成熟时，其表面的鳞片是闭合的，保护着里面的"松子"。而 Si 纳米粒子表面的石墨烯是部分交叠的，类似于松果表面的鳞片，在 Si 纳米粒子发生膨胀时充当一个封闭且具有弹性的保护层。这个保护层可以防止电解液和 Si 纳米粒子的直接接触，但是 Li 离子可以通过交叠的石墨烯的层间空隙进入 Si 纳米粒子，如图 5-18（b）所示。当 Si 纳米粒子在锂化过程中发生体积膨胀时，Si 纳米粒子表面交叠的石墨烯层会发生层间滑移，类似于松果逐渐长大的过程中鳞片的逐渐变大，虽然鳞片交叠面积变小了，但是依然保护着内核。而石墨烯层则可以缓冲 Si 纳米粒子的体积膨胀，并稳定 SEI 膜。此外，GF 良好的柔韧性和导电性使其可以很好地负载 Si 纳米粒子，并可作为集流体。因此作者制备的松果状的以石墨烯封装的纳米 Si 能够直接作为 Li 离子电池的负极，无须任何黏结剂和集流体。在这个结构中，GF 作为三维的导电载体均匀负载了被石墨烯封装的 Si 纳米粒子，使整个电极结构具有较高的空隙率、较大的比表面积、良好的柔性、较高的机械强度以及导电率。所有合成过程都是原位进行的，避免了不必要的功能化，确保了石墨烯的质量，实现了石墨烯和 Si 纳米粒子的紧密接触，使电极结构能够在循环过程中保持稳定。

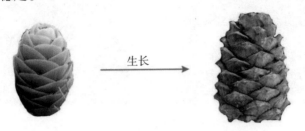

（a）Si 纳米粒子表面生长石墨烯

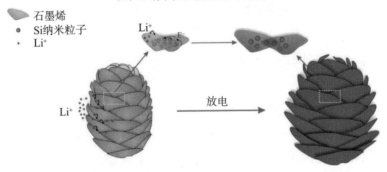

（b）Li 离子进入 Si 纳米粒子

图 5-18　GE-Si 复合物的结构模型

5.3.3.5 电化学性能测试

（1）石墨烯包覆层的层数和性能的关系测试。Si 纳米粒子表面的石墨烯包覆层对电池的性能至关重要，因此有必要研究石墨烯包覆层的层数和储锂性能之间的关系，并找出最佳的层数。为此，作者通过控制 C_2H_2 的流量和通入时间合成了不同层数（分别为 1～3 层、4～6 层、7～10 层，以及大于 10 层）的石墨烯包覆层，并分别研究了其充放电性能，结果如图 5-19（a）～（d）所示。随着 Si 纳米粒子表面石墨烯层数的增加，GE-Si 复合物首周的充放电性能不断增强，首周库伦效率也不断增长，如

图 5-19（e）和图 5-19（f）所示。当 Si 纳米粒子表面的石墨烯仅有 1～3 层时，即使石墨烯发生层间滑移，Si 纳米粒子的体积膨胀依然会撑破石墨烯，使 Si 纳米粒子暴露于电解液中，造成首周库伦效率较低。石墨烯的破裂也会导致导电网络被破坏，使可逆比容量也随之降低。随着石墨烯层数的增加，石墨烯层的交叠面积也会逐渐增加，就像松果的鳞片逐渐长大一样，GE-Si 复合物首周的可逆比容量和库伦效率也随之逐渐增长。当石墨烯的层数大于 10 层时，首周可逆比容量的增长十分有限，这表明 Si 纳米粒子表面的石墨烯已足够缓冲其体积膨胀，但是过量的石墨烯会因为存在大量缺陷而消耗锂离子[18]，所以首周的库伦效率会下降。因此，作者认为 Si 纳米粒子表面的最为合适的石墨烯层数为 7～10 层，此时 GE-Si 复合物有较高的库伦效率和可逆比容量。

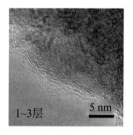
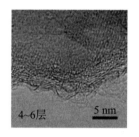
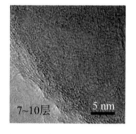

（a）石墨烯层数为 1～3 层　　（b）石墨烯层数为 4～6 层　　（c）石墨烯层数为 7～9 层

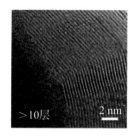
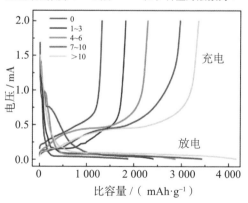

（d）石墨烯层数大于 10 层　　（e）不同石墨烯包覆层的 GE-Si 复合物的首周充放电曲线

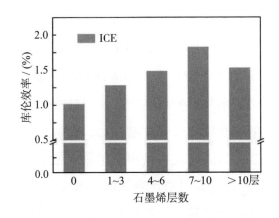

（f）不同石墨烯包覆层的 GE-Si 复合物的首周库伦效率

图 5-19　Si 纳米粒子表面石墨烯层数与首周可逆比容量和库伦效率的关系

（2）循环性能测试。作者对 GE-Si 复合物进行了不同倍率下的循环性能测试，并与 Si NPs@GF 复合物的性能做了对比，以明确 Si 纳米粒子表面交叠的石墨烯层的作用。图 5-20 是 GE-Si 复合物和 Si NPs@GF 复合物在 0.1 C 电流密度下的循环性能以及对应的库伦效率。GE-Si 复合物的首周放电比容量和充电容比量分别为 3 020 mAh/g 和 2 575.1 mAh/g，首周库伦效率高达 86.9%，高于绝大部分文献给出的复合物的首周库伦效率。而 Si NPs@GF 复合物的放电比容量和充电比容量仅为 1 745.8 mAh/g 和 1 276.9 mAh/g，库伦效率为 73.1%。可逆比容量的损失是因为电解液的分解和 SEI 膜的形成。与 Si NPs@GF 复合物相比，GE-Si 复合物不但具有更高的可逆比容量，而且有更低的容量损失率，这说明石墨烯的包覆确实很好地稳定了 SEI 膜[19]。在随后的循环中，GE-Si 复合物和 Si NPs@GF 复合物的可逆比容量和库伦效率都趋于稳定，而且 GE-Si 复合物的库伦效率一直高于 Si NPs@GF 复合物的。但是在 50 周之后，Si NPs@GF 复合物的库伦效率突然降低，这说明 SEI 膜在持续地分解和重新形成，而 GE-Si 复合物的库伦效率一直保持稳定。没有石墨烯的保护，Si 纳米粒子表面的 SEI 膜非常脆弱，容易分解，而剧烈的体积变化会加剧这一情况。GE-Si

复合物的第 2 周可逆比容量为 3 003.9 mAh/g，库伦效率为 97.2%，此后容量一直保持稳定，80 周之后可逆比容量保持在 2 631.9 mAh/g，容量保持率为 92.0%。而 Si NPs@GF 复合物在循环 80 周之后可逆比容量仅为 812.2 mAh/g，容量保持率为 63.6%。

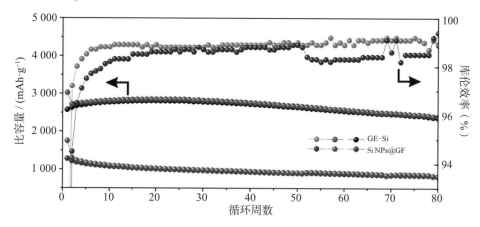

图 5-20　GE-Si 复合物和 Si NPs@GF 复合物在 0.1 C 电流密度下的循环性能和库伦效率

图 5-21 为 GE-Si 复合物在 0.5 C 电流密度下的充放电曲线，图 5-22 为 GE-Si 复合物、Si NPs@GF 复合物和 GF 的循环性能对比图，其中前两周的电流密度为 0.1 C。图 5-21 为 GE-Si 复合物在第 1、2、5、100、300 周的充放电曲线，其中低于 0.5 V 的平台与 Si 的可逆锂化和脱锂有关。大家由图 5-22 可以看到 GF 在电流密度增加为 0.5 C 之后比容量仅为 40 mAh/g 左右，与 Si 相比其对复合物贡献的比容量几乎可以忽略，这说明 GF 在复合物中只起到负载 Si 纳米粒子和提供导电网络的作用。Si NPs@GF 复合物的循环性能有所改善，但还不够稳定，300 周之后可逆比容量仅为 429 mAh/g。相比之下，GE-Si 复合物的性能有了大幅提升，在 0.1 C 时其可逆比容量为 2 964.9 mAh/g；电流密度增加为 0.5 C 之后，其可逆比容量降低为 2 470.9 mAh/g，并在最初的几周有小幅衰减。随后电池的性能保持相对稳定，可逆比容量保持在 2 200 mAh/g 左右。循环 300 周之后，电池的可逆比容量依然高达 1 623 mAh/g，容量保持率为 65.7%。电池的可逆比容量在 20

周前后出现了小幅增长，可能是由于循环过程中电化学反应的活化作用改善了电极反应的动力学表现，也可能是由于电解液的分解引起的。经过以上对比和分析，作者认为 GE-Si 复合物电极能够在 2 100 mA/g 的电流密度下有如此高的可逆比容量和如此稳定的循环性能是由于部分交叠的石墨烯层的包覆，这种结构可以通过层间滑移来缓冲体积膨胀，并可以提高 Si 的导电性。

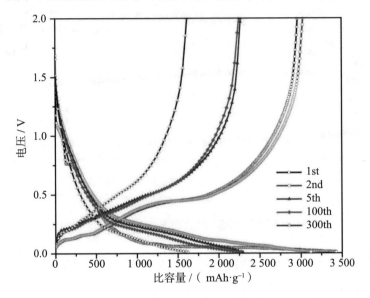

图 5-21　GE-Si 复合物在第 1、2、5、100、300 周的充放电曲线

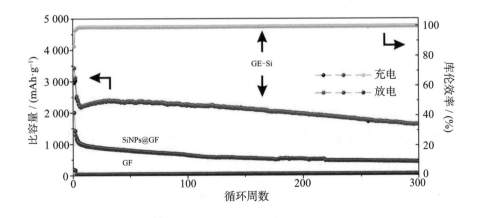

图 5-22　GE-Si 复合物、Si NPs@GF 复合物和 GF 的循环性能对比图

（3）倍率性能测试。作者也测试了一系列梯度电流密度下 GE-Si 复合物的充放电比容量，以考察其倍率性能。同样地，作者加入了 Si NPs@GF 复合物的倍率性能作为对比，如图 5-23 所示。当电流密度分别为 420 mA/g、840 mA/g、2 100 mA/g、4 200 mA/g、8 400 mA/g 时，GE-Si 复合物的可逆比容量分别为 2 900 mAh/g、2 690 mAh/g、2 120 mAh/g、1 620 mAh/g、800 mAh/g，当电流密度回到 420 mA/g 时，GE-Si 复合物的可逆比容量也可恢复到 2 880 mAh/g，且在 10 周内非常稳定。这说明 GE-Si 复合物的结构十分稳定，能够承受大电流充放电，有较快的锂离子和电子传导速率。相比之下，Si NPs@GF 复合物在相同电流密度下的可逆比容量都远低于 GE-Si 复合物，这证明石墨烯的包覆明显改善了 Si 的锂离子和电子传导速率。

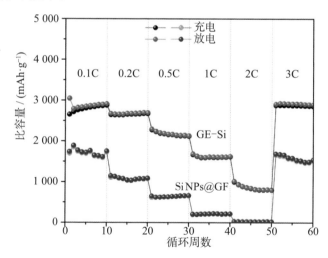

图 5-23　GE-Si 复合物和 Si NPs@GF 复合物的倍率性能对比图

（4）EIS 测试。为了研究 GE-Si 复合物在充放电过程中的电荷转移和锂离子扩散动力学表现，作者对 GE-Si 复合物进行了 EIS 测试，并加入 Si NPs@GF 复合物的数据作为对比。作者分别测试了二者在充放电循环前、循环 100 周之后和循环 300 周之后的 EIS，结果如图 5-24（a）所示，图中右上角的插图为椭圆区域的放大图。图中的 EIS 都是由高频区的半圆和低频区的直线构成的。高频区的半圆与电荷转移电阻有关，而低频区的直线与锂离子扩散系数相关。在循环前，与 Si NPs@GF 复合物相比，GE–Si 复合物的半圆半径要小得多，说明在电极与电解液界面的电荷转移电阻有大幅降低，这是因为石墨烯的包覆能够改善 Si 纳米粒子的导电性。随着循环测试的进行，Si NPs@GF 复合物的电荷转移电阻在不断增大，这表明 Si NPs@GF 复合物的 SEI 膜不稳定，在持续地形成，越来越厚的 SEI 膜会导致电阻的增大[20]。与之形成对比的是，GE–Si 复合物的电阻值几乎没有发生变化，这证明其表面的 SEI 膜非常稳定，所以才会有良好的循环性能。根据 EIS，作者还分析了 GE–Si 复合物和 Si NPs@GF 复合物的 Warburg 系数。Warburg 系数是作 Z_{real} 对 $\omega^{-1/2}$ 图所得拟合直线的斜率，可以反映锂离子在电极内部的固态传输速率，其值越低证明锂离子传输速率越快。如图 5–24（b）所示，GE–Si 复合物的拟合直线斜率要远低于 Si NPs@GF 复合物的，说明锂离子在 GE–Si 复合物中的扩散速度要比在 Si NPs@GF 复合物中快很多，这证明石墨烯的包覆确实提高了锂离子的扩散速率。

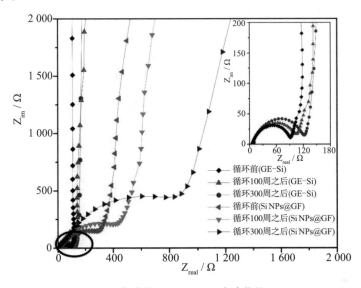

（a）GE–Si 复合物和 Si NPs@GF 复合物的 EIS

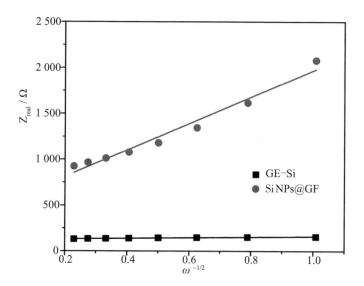

（b）根据 EIS 结果所做的 Z_{real} 对 $\omega^{-1/2}$ 的线性拟合（符号为真实值，直线是拟合结果）

图 5-24　GE-Si 复合物和 Si NPs@GF 复合物的 EIS 及线性拟合

5.3.3.6.GE-Si 复合物与文献中 Si/ 石墨烯复合物的对比

作者将 GE-Si 复合物的循环性能与文献中 Si/ 石墨烯复合物的循环性能进行了对比 [15,17,19,21-27]，结果如图 5-25 所示。其中图 5-25（a）为循环周数与可逆比容量的对比图，图 5-25（b）为电流密度与可逆比容量的对比图。大家由图 5-25 可以看出，在电流密度小于或等于 2 100 mA/g 和循环周数小于或等于 300 周时，GE-Si 复合物的循环性能要优于大部分文献中 Si/ 石墨烯复合物的循环性能，这证明 GE-Si 复合物电极确实有优秀的循环性能。

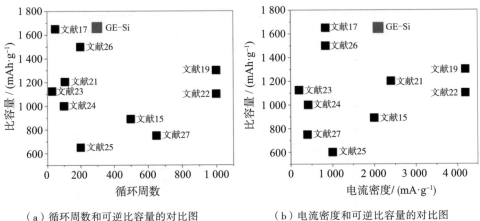

（a）循环周数和可逆比容量的对比图　　　（b）电流密度和可逆比容量的对比图

图 5-25　GE-Si 复合物和文献中 Si/ 石墨烯复合物的循环性能对比图

5.3.3.7 GE-Si 复合物的 TGA

为了确定 GE-Si 复合物中 Si 的准确含量，作者对其进行了热重分析，结果如图 5-26 所示。图 5-26 中，热重曲线在 700℃左右的质量损失是由于 GF 和 Si 表面石墨烯包覆层的分解，900℃以后质量的增加是由于复合物中 Si 开始被氧化。这个结果表明 GE-Si 复合物中 Si 的质量占比为 52.9%，其余 47.1% 为 GF 和石墨烯包覆层的质量。

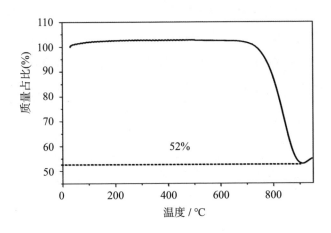

图 5-26　GE-Si 复合物的 TGA

5.3.3.8 循环后的形貌分析

为了验证 GE-Si 复合物电极结构的稳定性，作者对循环后的复合物进行了 SEM 表征，并与 Si NPs@GF 复合物的形貌进行了对比，如图 5-27 所示。通过 SEM 图可以清晰地看到，GE-Si 复合物的体积发生了小幅膨胀，但是 Si 纳米粒子的粒径依旧均一，Si 层中依然存在很多孔隙。而 Si NPs@GF 复合物则发生了较大的体积膨胀，纳米粒子也出现了较为严重的团聚现象，Si 层中的孔隙已经被膨胀的体积所填满。重复的锂化和脱锂造成了严重的体积膨胀和结构破坏，因此循环性能越来越差。这个结果表明 Si 纳米粒子表面部分交叠的石墨烯层确实可以有效地缓冲体积膨胀，释放应力，保护内部的 Si 纳米粒子并防止它们团聚，因此 GE-Si 复合物可以获得较好的循环稳定性。

（a）低倍率下 Si NPs@GF 复合物的 SEM 图　（b）高倍率下 Si NPs@GF 复合物的 SEM 图

（c）低倍率下 GE-Si 复合物的 SEM 图　（d）高倍率下 GE-Si 复合物的 SEM 图

图 5-27　循环后 Si NPs@GF 复合物和 GE-Si 复合物的 SEM 图

图 5-28 为 Si NPs@GF 复合物和 GE-Si 复合物循环前和循环后的粒径统计。由图 5-28（a）可以看出在循环前 Si NPs@GF 复合物和 GE-Si 复合物的粒径分布相对集中，Si NPs@GF 复合物的粒径集中在 35 nm 左右，而 GE-Si 复合物的粒径集中在 45 nm 左右。但是循环之后，由于 GF 的缓冲作用有限，Si NPs@GF 复合物中的 Si 纳米粒子发生了严重的团聚和粉化，其粒径分布范围较广，从 70 nm 到 200 nm[图 5-28（b）]。而 GE-Si 复合物虽然发生了小幅体积膨胀，但是粒径分布依然相对集中，在 90 nm 左右，这充分证明了 GE-Si 复合物结构的稳定性。

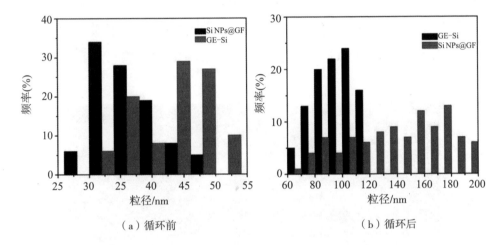

（a）循环前　　　　　　　　　　（b）循环后

图 5-28　Si NPs@GF 复合物和 GE-Si 复合物循环前和循环后的粒径统计

5.4 本章小结

本书通过一系列合成步骤最终得到了石墨烯封装的 Si 纳米粒子，首先通过超临界流体 CO_2 辅助法在 GF 上负载了一层无定形 SiO_2，其次用镁热还原法将 SiO_2 还原，得到了负载有纳米 Si 的 GF，最后通过 CVD 法在 Si 纳米粒子表面生长了部分交叠的石墨烯将其封装。在这个结构中，GF 是 Si 纳米粒子的柔性载体，可部分缓冲 Si 的体积膨胀，也是一个三维的导电网络。由于镁蒸气的腐蚀，Si 层中有许多孔隙，这些孔隙可以缩短锂离子的传输路径，也为体积膨胀预留了空间。通过 CVD 法生长在 Si 纳米粒子表面的石墨烯是部分交叠的，就像松果表面的鳞片一样。在 Si 纳米粒子发生体积膨胀时，其表面部分交叠的石墨烯可以通过层间滑移来缓冲体积膨胀，这避免了 Si 纳米粒子和电解液的直接接触，稳定了表面的 SEI 膜。此外，石墨烯的包覆也可以改善 Si 纳米粒子的导电性，提高锂离子的传导率。因此，与未封装的 Si NPs@GF 复合物相比，GE-Si 复合物有更高的可逆比容量、更好的循环性能和更优秀的倍率性能。在 0.1 C 电流密度下循环 80 周之后，GE-Si 复合物的可逆比容量为 2 631.9 mAh/g；在 0.5 C 电流密度下循环 300 周之后，其可逆比容量为 1 623 mAh/g，它表现出优异的循环性能。GE-Si 复合物的倍率性能也十分优异，在电流密度达到最高 2 C 时，可逆比容量可达 800 mAh/g。

参考文献

[1] WU H, CHAN G, CHOI J W, et al. Stable cycling of double-walled silicon nanotube battery anodes through solid-electrolyte interphase control [J]. Nat. Nanotechnol., 2012, 7（5）: 310–315.

[2] MAGASINSKI A, DIXON P, HERTZBERG B, et al. High-performance lithium-ion anodes using a hierarchical bottom-up approach [J]. Nat. Mater., 2010, 9（4）: 353–358.

[3] CHAN C K, PENG H, LIU G, et al. High-performance lithium battery anodes using silicon nanowires [J]. Nat. Nanotechnol., 2008, 3（1）: 31–35.

[4] KASAVAJJULA U, WANG C, APPLEBY A J. Nano- and bulk-silicon-based insertion anodes for lithium-ion secondary cells [J]. J. Power Sources, 2007, 163（2）: 1003–1039.

[5] WU H, CUI Y. Designing nanostructured Si anodes for high energy lithium-ion batteries [J]. Nano Today, 2012, 7（5）: 414–429.

[6] TEKI R, DATTA M K, KRISHNAN R, et al. Nanostructured silicon anodes for lithium-ion rechargeable batteries [J]. Small, 2009, 5（20）: 2236–2242.

[7] DESHPANDE R, CHENG Y T, VERBRUGGE M W. Modeling diffusion-induced stress in nanowire electrode structures [J]. J. Power Sources, 2010, 195（15）: 5081–5088.

[8] CHENG Y T, VERBRUGGE M W. The influence of surface mechanics on diffusion induced stresses within spherical nanoparticles [J]. J. Appl. Phys.,

2008, 104（8）：083521.

[9] KIM H, CHO J. Superior lithium electroactive mesoporous Si@carbon core-shell nanowires for lithium battery anode material [J]. Nano Lett., 2008, 8(11): 3688–3691.

[10] YAO Y, LIU N, MCDOWELL M T, et al. Improving the cycling stability of silicon nanowire anodes with conducting polymer coatings [J]. Energy Environ. Sci., 2012, 5（7）：7927–7930.

[11] HERTZBERG B, ALEXEEV A, YUSHIN G. Deformations in Si-Li anodes upon electrochemical alloying in nano-confined space [J]. J. Am. Chem. Soc., 2010, 132（25）：8548–8549.

[12] DONG X C, XU H, WANG X W, et al. 3D graphene-cobalt oxide electrode for high-performance supercapacitor and enzymeless glucose detection [J]. ACS Nano, 2012, 6（4）：3206–3213.

[13] LONG D A. Handbook of raman spectroscopy. [J]. J. Raman Spectrosc., 2004, 35（1）：91.

[14] LIU X L, GAO Y F, JIN R H, et al. Scalable synthesis of Si nanostructures by low-temperature magnesiothermic reduction of silica for application in lithium-ion batteries [J]. Nano Energy, 2014, 4：31–38.

[15] WANG B, LI X L, LUO B, et al. Approaching the downsizing limit of silicon for surface-controlled lithium storage [J]. Adv. Mater., 2015, 27（9）：1526–1532.

[16] YAN N, WANG F, ZHONG H, et al. Hollow porous SiO_2 nanocubes towards high-performance anodes for lithium-ion batteries [J]. Sci. Rep., 2013, 3：1568.

[17] WANG B, LI X L, ZHANG X F, et al. Adaptable silicon-carbon nanocables

sandwiched between reduced graphene oxide sheets as lithium-ion battery anodes [J]. ACS Nano, 2013, 7（2）：1437–1445.

[18] CAO X H, YIN Z Y, ZHANG H. Three-dimensional graphene materials：Preparation, structures and application in supercapacitors [J]. Energy Environ. Sci., 2014, 7（6）：1850–1865.

[19] LIU N, WU H, MCDOWELL M T, et al. A yolk-shell design for stabilized and scalable Li-ion battery alloy anodes [J]. Nano Lett., 2012, 12（6）：3315–3321.

[20] OUMELLAL Y, DELPUECH N, MAZOUZI D, et al. The failure mechanism of nano-sized Si-based negative electrodes for lithium-ion batteries [J]. J. Mater. Chem., 2011, 21（17）：6201–6208.

[21] CHANG J B, HUANG X F, ZHOU G H, et al. Multilayered Si nanoparticle/reduced graphene oxide hybrid as a high-performance lithium-ion battery anode [J]. Adv. Mater., 2014, 26（5）：758–764.

[22] WANG B, LI X , ZHANG X F, et al. Contact-engineered and void-involved silicon/carbon nanohybrids as lithium-ionbattery anodes [J]. Adv. Mater., 2013, 25（26）：3560–3565.

[23] MENG X H, DENG D. Core-shell Ti@Si coaxial nanorod arrays formed directly on current collectors for lithium-ion batteries [J]. ACS Appl. Mater. Interfaces, 2015, 7（12）：6867–6874.

[24] WANG B, LI X L, LUO B, et al. Intertwined network of Si/C nanocables and carbon nanotubes as lithium-ion battery anodes [J]. ACS Appl. Mater. Interfaces, 2013, 5（14）：6467–6472.

[25] ZHANG F, YANG X, XIE Y Q, et al. Pyrolytic carbon-coated Si nanoparticles

on elastic graphene framework as anode materials for high-performance lithium-ion batteries [J]. Carbon, 2015, 82：161–167.

[26] WANG B, LI X L, QIU T F, et al. High volumetric capacity silicon-based lithium battery anodes by nanoscale system engineering [J]. Nano Lett., 2013, 13（11）：5578–5584.

[27] FAVORS Z, BAY H H, MUTLU Z, et al. Towards scalable binderless electrodes：Carbon coated silicon nanofiber paper via Mg reduction of electrospun SiO_2 nanofibers [J]. Sci. Rep., 2015, 5：8246.

6　MoP@GF 复合物的制备及性能研究

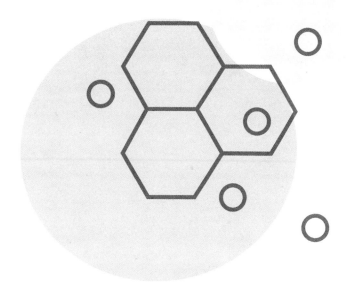

6.1 引言

过渡金属磷化物不仅具有比碳基负极更高的质量比容量和体积比容量，而且还有较高的初始放电容量和较小的电极极化程度，材料来源广，价格便宜，是一种十分有潜力的锂离子电池电极材料[1-5]。MoP 的理论比容量为 633.5 mAh/g，是石墨理论比容量的近 2 倍，且环境友好，因此 MoP 具有一定的应用潜力。但是在转换反应过程中，磷化物存在较为严重的体积膨胀，这会导致电极材料的聚集和粉化，并使其脱离集流体，造成电池容量的不断衰减[6]。如此剧烈的体积膨胀是无法完全避免的，但是采用纳米结构或多孔结构可以降低体积膨胀的程度。文献给出的磷化物纳米结构多以 PH_3 或有机磷为磷源，它们具有一定的毒性，会对环境造成污染，且合成过程烦琐，操作起来有一定的难度，不利于扩大反应规模。本书以 GF 为基底，通过溶液浸泡负载了（NH_4）$_2MoO_4$ 前驱体，以 NaH_2PO_2 为磷源，通过缓慢分解磷化前驱体得到了 MoP 和石墨烯的复合物。所得复合物中 MoP 薄膜具有很多纳米级的孔隙，这些孔隙可以缓冲体积膨胀，且和 GF 可以紧密贴合，有很好的电接触。而 GF 不仅可以释放体积变化带来的应力，还能提高电极整体的导电性，因此可以获得较好的循环性能。

6.2 制备方法

称取一定质量的（NH_4）$_2MoO_4$ 溶于 10 mL 超纯水中形成溶液，将 GF 浸入（NH_4）$_2MoO_4$ 溶液中，5 min 之后捞出，将其放入真空干燥箱中，

60℃烘干备用。将负载有（NH₄）₂MoO₄的GF放入石英舟，置于管式炉中，在气流的前端放置一个较小的石英舟，并放入微量NaH₂PO₂，通入100 cm³/min氩气（Ar），按照设置好的升温程序进行加热，并于反应温度下恒温放置4 h，即可得到负载有MoP的GF（MoP@GF复合物）。

6.3　结果分析

6.3.1　XRD分析

本书尝试了如下不同的磷化温度：

（1）（NH₄）₂MoO₄和NaH₂PO₂处于同一温区，反应温度为300℃；

（2）（NH₄）₂MoO₄反应温度为750 ℃，NaH₂PO₂分解温度为300℃；

（3）（NH₄）₂MoO₄反应温度为800 ℃，NaH₂PO₂分解温度为300℃。

三种反应条件所得产物的XRD对比图如图6-1所示，大家可以看出在反应温度为300℃和750℃时，反应的产物都是MoO₂。当反应温度升高至800℃时，成功合成了MoP@GF复合物，由图6-2可以分别找出石墨烯和MoP的衍射峰，其中MoP的衍射峰与JPCDS卡片65-6487有很好的匹配度，而石墨烯的衍射峰则对应JPCDS卡片26-1079。

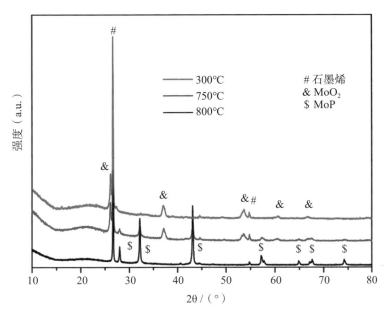

图 6-1 不同反应条件下的产物 XRD 对比图

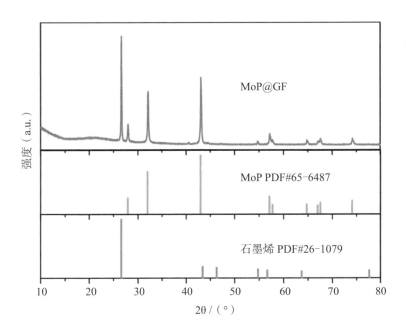

图 6-2 MoP@GF 复合物的 XRD 图及对应的标准衍射峰

6.3.2　XPS 分析

为了进一步确认 XRD 分析的结果，本书对 MoP@GF 复合物进行了 XPS 表征，如图 6-3 所示。图 6-3（a）为 Mo 3d 峰的分峰结果，其中位于 231.2 eV 和 228.0 eV 处的两个峰归属于 MoP，与文献给出的一致[7-8]。位于 231.9 eV 和 228.8 eV 处的两个峰为 Mo^{4+} 的 $3d_{3/2}$ 和 $3d_{5/2}$ 峰，这与 Mo 的高氧化态有关，可能是由于 MoP 表面残留有微量的 MoO_2 没有被完全磷化[9]。图 6-3（b）为 P 2p 的分峰结果，位于 130.1 eV 和 129.2 eV 处的两个较强的峰代表低价态的 P，这说明复合物中的 P 与 Mo 键合形成了磷化物[10-11]。位于 133.8 eV 处的强度较弱的峰可能是 P_2O_5 或 PO_4^{3-} 产生的，这说明 MoP 表面有微弱的氧化[12]。结合 XRD 分析结果，大家可以确认合成产物为 MoP@GF 复合物。

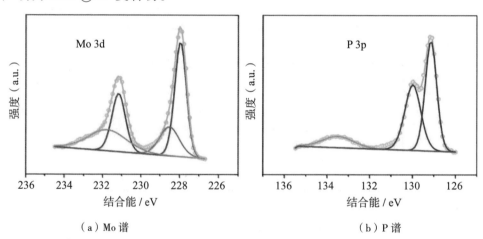

（a）Mo 谱　　　　　　　　　　　　（b）P 谱

图 6-3　MoP@GF 复合物的 XPS 图谱

6.3.3　SEM 分析

图 6-4 为 MoP@GF 复合物在 SEM 下的形貌图，由图 6-4（a）可以看出 GF 的框架结构依然存在，MoP 均匀地覆盖在 GF 的表面。更高倍率

下大家可以看到 MoP 层依然复刻了 GF 表面的褶皱，这说明 MoP 和 GF 的结合十分紧密。复合物的表面还有少量颗粒状的物质，这些物质可能是未完全反应的前驱体，但是含量很低，不会对 MoP 的性质造成很大影响。

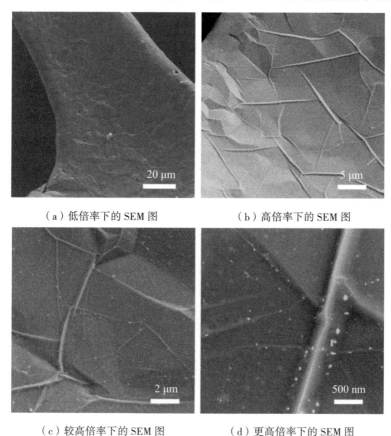

（a）低倍率下的 SEM 图 　　　　（b）高倍率下的 SEM 图

（c）较高倍率下的 SEM 图 　　　　（d）更高倍率下的 SEM 图

图 6-4　MoP@GF 复合物的 SEM 图

6.3.4　TEM 分析

图 6-5 为 MoP@GF 复合物的 TEM 图，其中图 6-5（a）为较低倍率下的全貌，可以看出 MoP 层将石墨烯的表面完全覆盖了，且厚度均匀。MoP 层中还存在少量裂纹，这可能是其与 GF 的热膨胀系数不同所导致的。

少量裂纹的存在可以释放 MoP 层的张力，也能缓冲 MoP 在锂化时的体积膨胀。更高倍率下可以看到 MoP 层中存在很多纳米级的孔隙 [图 6-5(b)]，这可能是由（NH$_4$）$_2$MoO$_4$ 在分解时释放气体造成的。这些纳米孔可以缩短锂离子的传输路径，增大比表面积，有利于锂离子的嵌入和脱出，也能为体积膨胀预留空间。在高分辨 TEM 下，可以在 MoP 的晶格之间看到许多孔隙，如图 6-5（c）所示，其中圆圈圈出的地方为孔隙，方框圈出的为 MoP 的晶格条纹。晶格条纹的间距为 0.279 nm，对应于 MoP 的（100）晶面，如图 6-5（e）所示。也可以观察到石墨烯的（002）晶面，晶面间距为 0.34 nm，石墨烯的层数为 5 层左右 [图 6-5（d）]。图 6-5（f）为 MoP@GF 复合物的 SAED 图，大家由图 6-5（f）可以看到属于 MoP 和石墨烯的衍射点阵。

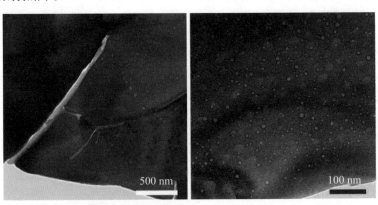

（a）较低倍率下的全貌　　　　　　（b）高倍率下 MoP 层中有很多孔隙

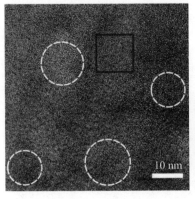

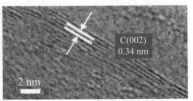

（c）高分辨 TEM 下 MoP 的晶格和孔隙　　　（d）石墨烯的层数

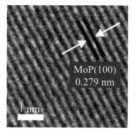

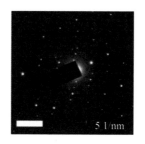

（e）图（c）中 MoP 晶格的放大　　　　（f）MoP@GF 复合物的 SAED 图

图 6-5　MoP@GF 复合物的 TEM 图

6.3.5　电化学性能测试

6.3.5.1 循环性能测试

在本书中，对 MoP@GF 复合物进行了循环性能测试，在 100 mA/g 电流密度下循环了 500 周。图 6-6 为 MoP@GF 复合物第 1、2、100、200、500 周的充放电曲线。图 6-7 为 MoP@GF 复合物的循环性能，MoP@GF 复合物在 100 mA/g 电流密度下，首周放电比容量为 791.3 mAh/g，充电比容量为 589.5 mAh/g，库伦效率为 74.5%，可逆比容量已接近理论值（633.5 mAh/g），可逆比容量的损失是因为首周放电过程中 SEI 膜的形成。第 2 周的可逆比容量为 593.9 mAh/g，比首周可逆比容量略高，并且在随后几个 50 周内容量上升至 630 mAh/g，并且保持相对稳定，这种容量上升现象可能是因为 MoP 具有多孔结构，与文献给出的结果一致[13-15]。500 周之后，MoP@GF 复合物的可逆比容量依然可达 304.6 mAh/g，它表现出较好的循环稳定性。这说明 GF 负载多孔 MoP 的结构可以很好地缓冲体积膨胀，在循环过程中能够保持结构的稳定性。

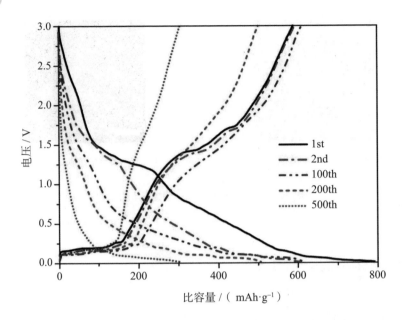

图 6-6   MoP@GF 复合物的充放电曲线

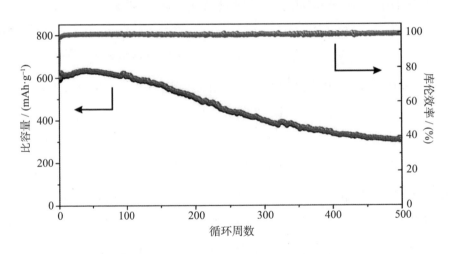

图 6-7   MoP@GF 复合物的循环性能

6.3.5.2 倍率性能测试

图 6-8 为 MoP@GF 复合物的倍率性能，本书设置的电流密度分别

为 100 mA/g、200 mA/g、300 mA/g、400 mA/g、500 mA/g，MoP@GF 复合物的可逆比容量分别为 586.8 mAh/g、538.3 mAh/g、469.0 mAh/g、419.5 mAh/g、381.1 mAh/g，MoP@GF 复合物表现出较好的倍率性能。当电流密度逐渐由 500 mA/g 降低到 100 mA/g 时，电池的可逆比容量也能逐渐回升，分别为 398.6 mAh/g、449.6 mAh/g、493.2 mAh/g、544.5 mAh/g，这与原有可逆比容量十分接近，证明电极材料的结构能够在较大的电流密度下保持稳定，且电极材料在较高电流密度时有较高的传质速率。

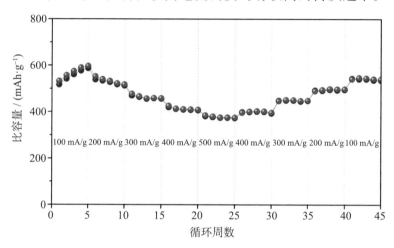

图 6-8 MoP@GF 复合物的倍率性能

6.4 本章小结

在本章中，通过磷化 GF 负载的（NH_4）$_2MoO_4$ 前驱体得到了 MoP@GF 复合物。这种方法无须复杂的操作程序，也不用引入 PH_3 等有毒磷源，有利于扩大反应规模。所得产物中，MoP 层完全覆盖在石墨烯表面并与之紧紧贴合，这能够提高材料的离子和电子传导率，且能在经受剧烈的体积变化时依然保持紧密结合。MoP 层中还存在裂隙和纳米孔，这些孔隙不仅能够缩短锂离子的传输路径，还能够增大电极材料和电解液的接触面积，有利于锂离子的嵌入。此外，MoP 层中的裂隙和纳米孔也能够缓冲体积膨胀，而 GF 也能释放体积变化带来的应力，保持结构稳定。因此 MoP@GF 复合物获得了较好的循环性能和倍率性能。在 100 mA/g 电流密度下循环 500 周之后，电池的可逆比容量为 304.6 mAh/g。当电流密度达到最高 500 mA/g 时，电池的可逆比容量可达 381.1 mAh/g，且在电流密度逐渐降低时可逆比容量也能恢复到原来的水平。

参考文献

[1] PRALONG V, SOUZA D C S, LEUNG K T, et al. Reversible lithium uptake by CoP₃ at low potential：Role of the anion [J]. Electrochem. Commun., 2002, 4 （6）：516–520.

[2] SOUZA D C S, PRALONG V, JACOBSON A J, et al. A reversible solid-state crystalline transformation in a metal phosphide induced by redox chemistry [J]. Science, 2002, 296 （5575）：2012–2015.

[3] SUN M, LIU H J, QU J H, et al. Earth-rich transition metal phosphide for energy conversion and storage [J]. Adv. Energy Mater., 2016, 6 （13）：1600087.

[4] CUI Y H, XUE M Z, FU Z W, et al. Nanocrystalline CoP thin film as a new anode material for lithium-ion battery [J]. J. Alloys Compd., 2013, 555：283–290.

[5] HALL J W, MEMBRENO N, WU J, et al. Low-temperature synthesis of amorphous FeP₂ and its use as anodes for Li-ion batteries [J]. J. Am. Chem. Soc., 2012, 134 （12）：5532–5535.

[6] LU Y, TU J P, GU C D, et al. In situ growth and electrochemical characterization versus lithium of a core/shell-structured Ni₂P@C nanocomposite synthesized by a facile organic-phase strategy [J]. J. Mater. Chem., 2011, 21 （44）：17988–17997.

[7] BAI J, LI X, WANG A J, et al. Hydrodesulfurization of dibenzothiophene and its hydrogenated intermediates over bulk MoP [J]. J. Catal., 2012, 287：161–169.

[8]　XIAO P, SK M A, THIA L, et al. Molybdenum phosphide as an efficient electrocatalyst for the hydrogen evolution reaction [J]. Energy Environ. Sci., 2014, 7（8）: 2624–2629.

[9]　YE R Q, DEL ANGEL VICENTE P, LIU Y Y, et al. High-performance hydrogen evolution from $MoS_{2(1-x)} P_x$ solid solution [J]. Adv. Mater., 2016, 28（7）: 1427–1432.

[10]　BAI J, LI X, WANG A J, et al. Different role of H_2S and dibenzothiophene in the incorporation of sulfur in the surface of bulk MoP during hydrodesulfurization [J]. J. Catal., 2013, 300: 197–200.

[11]　KIBSGAARD J, JARAAMILLO T F. Molybdenum phosphosulfide: An active, acid-stable, earth-abundant catalyst for the hydrogen evolution reaction [J]. Angew. Chem. Int. Ed. 2014, 53（52）: 14433–14437.

[12]　XING Z C, LIU Q, ASIRI A M, et al. Closely interconnected network of molybdenum phosphide nanoparticles: A highly efficient electrocatalyst for generating hydrogen from water [J]. Adv. Mater., 2014, 26（32）: 5702–5707.

[13]　WANG L M, LIU B, RAN S H, et al. Nanorod-assembled Co_3O_4 hexapods with enhanced electrochemical performance for lithium-ion batteries [J]. J. Mater. Chem., 2012, 22（44）: 23541–23546.

[14]　XIAO Y, HU C W, CAO M H. High lithium storage capacity and rate capability achieved by mesoporous Co_3O_4 hierarchical nanobundles [J]. J. Power Sources, 2014, 247: 49–56.

[15]　WANG X, SUN P P, QIN J W, et al. A three-dimensional porous MoP@C hybrid as a high-capacity, long-cycle life anode material for lithium-ion batteries [J]. Nanoscale, 2016, 8（19）: 10330–10338.

7　总结和展望

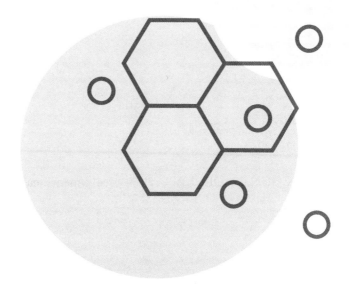

7.1 总结

作为一种二维材料，石墨烯具有很多独特的性质，如优异的电子性质、超高的比表面积、极高的杨氏模量和断裂应力、良好的热稳定性和化学稳定性，因此在能源存储领域，尤其是锂离子电池中有较好的应用前景。本书针对转换反应和合金化反应电极材料存在的主要问题，如锂离子传导率低、导电性差、充放电过程中体积膨胀、颗粒团聚和粉化以及活性物质流失等，以 GF 为负载基底，构建了一系列纳米结构。利用 GF 良好的机械性能和较好的柔韧性能够很好地负载和分散纳米粒子，并能够释放体积变化带来的应力。GF 还有良好的导电性，这使其可以作为一个三维的导电网络提高电极整体的导电性。GF 的良好的化学稳定性使其能够在合成过程中始终保持结构稳定，自支撑的复合物可以直接作为锂离子电池的负极，无须集流体、添加剂和交联剂。具体的研究结果如下。

（1）在本书中，通过控制水热法的合成条件在 GF 上负载了 MnO_2 NW 和交联的 MnO_2 NFs。MnO_2 NW 和 GF 的结合不够紧密，在负载量较高时会团聚，所以在循环过程中会脱离 GF，这使得 MnO_2 NW@GF 复合物的循环性能不够理想，在 500 mA/g 电流密度下循环 100 周之后，MnO_2 NW@GF 复合物的可逆比容量为 760.3 mAh/g。而交联的 MnO_2 NFs 垂直于 GF 表面排列，它们有较强的相互作用，在剧烈的体积变化中始终能够保持紧密接触，纳米片之间形成的孔隙还能为体积膨胀预留空间，所以 MnO_2 NFs@GF 复合物能够在循环过程中保持结构稳定，有较好的循环性能。在 500 mA/g 电流密度下，循环 300 周之后，MnO_2 NFs@GF 复合物的可逆比容量为 1 200 mAh/g。超薄纳米片可以缩短锂离子的传输路径，多孔结构增大了电极材料和电解液的接触面积，有利于锂离子的快速嵌入，GF 基底也能提高锂离子和电子的传输速率，因而 MnO_2 NFs@GF 复

209

合物获得了较好的倍率性能，在电流密度分别为 500 mA/g、1 000 mA/g、2 000 mA/g、5 000 mA/g 时，其可逆比容量分别为 1 200 mAh/g、1 080 mAh/g、895 mAh/g、610 mAh/g，且复合物在 10 周内保持性能稳定。

（2）在本书中，通过超临界流体 CO_2 辅助法在 GF 上负载了 Fe_3O_4 纳米粒子。Fe_3O_4 纳米粒子的粒径为 11 ± 4 nm，Fe_3O_4 纳米粒子与 GF 结合紧密，Fe_3O_4 微米片中间还存在纳米孔，这些孔隙能够缩短锂离子的传输路径并缓冲体积膨胀。Fe_3O_4@GF 复合物具有较好的循环性能，在 924 mA/g 电流密度下，循环 500 周之后可逆比容量可达 1 200 mAh/g。循环过程中可逆比容量在 100 周之后逐渐上升，通过对 EIS、TEM 等结果进行分析之后作者认为这主要是因为 Fe_3O_4 纳米粒子在循环过程中发生了粉化，粒径减小为 8 ± 2 nm，这增强了它与 GF 的接触，提高了导电性，暴露了更多的活性位点。Fe_3O_4@GF 复合物也有较高的倍率性能，当电流密度达到最高 20 C 时，其可逆比容量依然有 261.8 mAh/g。

（3）在本书中，通过超临界流体 CO_2 辅助法使 GF 负载 SiO_2 得到 SiO_2@GF 复合物；通过镁热还原法得到 Si NPs@GF 复合物；通过 CVD 法在 Si 纳米粒子表面原位生长石墨烯得到 GE-Si 复合物。GF 依然是三维的导电基底，负载了 Si 纳米粒子，Si 纳米粒子表面又生长了交叠的石墨烯将其封装。交叠的石墨烯能够在 Si 体积膨胀时发生层间滑移，能够在体积收缩时恢复到交叠状态，是弹性的保护层，避免了 Si 和电解液的直接接触，稳定了 SEI 膜，也提高了 Si 的导电性和锂离子传导率，所以 GE-Si 复合物获得了较好的循环性能和倍率性能。在 420 mA/g 电流密度下，循环 80 周之后，GE-Si 复合物的可逆比容量为 2 631.9 mAh/g；在 2 100 mA/g 电流密度下，循环 300 周之后，可逆比容量为 1 623 mAh/g。当电流密度分别为 420 mA/g、840 mA/g、2 100 mA/g、4 200 mA/g、8 400 mA/g 时，GE-Si 复合物的可逆比容量分别为 2 900 mAh/g、2 690 mAh/g、2 120 mAh/g、1 620 mAh/g、800 mAh/g；当电流密度回到 420 mA/g 时，GE-Si 复合物的可逆比容量也可恢复到 2 880 mAh/g，并且在 10 周内非常稳定。

（4）在本书中，通过磷化 GF 负载的钼酸盐（NH_4）$_2MoO_4$ 合成了 MoP@GF 复合物；探究了不同的反应温度，最终确定合适的反应温度为 800℃。所得复合物中的 MoP 是覆盖在 GF 表面的薄层，厚度为纳米级，与 GF 有较强的结合作用。MoP 层中还存在许多纳米孔，这些纳米孔可以很好地缓冲体积膨胀，并增大 MoP 和电解液的接触面积，有利于锂离子的嵌入和脱出。在 100 mA/g 电流密度下循环 500 周之后，MoP@GF 复合物的可逆比容量为 304.6 mAh/g；在 100 mA/g、200 mA/g、300 mA/g、400 mA/g、500 mA/g 电流密度下可逆比容量分别为 586.8 mAh/g、538.3 mAh/g、469.0 mAh/g、419.5 mAh/g、381.1 mAh/g。

7.2 展望

本书中的研究以 GF 为基底合成了一系列具有纳米结构的复合材料，这些材料获得了一定程度的性能提升，但是也存在一些不足，这方面的工作还有继续挖掘的地方，未来可以开展的工作如下。

（1）GF 是一个理想的负载基底，具有较好的化学稳定性和机械性能，能够在各种实验条件下保持结构稳定，本书的方法也有望拓展至其他电极材料，以解决导电性差、锂离子传导率低、体积膨胀严重等问题。

（2）本书在 Si 和石墨烯复合物的研究中只关注了石墨烯的作用，没有明确镁热还原后 Si 纳米粒子表面残留的 SiO_2 的作用，应该将其刻蚀之后的测试性能作为对比。

（3）明确 GF 和 MnO_2、Fe_3O_4 以及 MoP 之间的相互作用力，以及形貌的具体形成过程，这对于发展一种普适的构建石墨烯基纳米结构的方法具有一定的借鉴意义。

（4）石墨烯复合物中活性物质的含量都不是很高，这对实际应用是十分不利的，但是负载量提升后较厚的电极材料会影响锂离子的扩散速率。为了提高负载量，人们必须设计出更加合理的电极结构，在提高负载量的同时能保证锂离子和电子的快速传输。比如，在 GF 上可控地刻蚀出孔洞，使体系的孔隙结构更为丰富，使电极材料能够更多地进入 GF 的空腔内，可以通过增加空间利用率来提高负载量；以 GF 为基底引入 RGO 来增加负载位点，既可以保证导电性又能增加负载量。

（5）为了向实际应用靠拢，石墨烯基电极材料的全电池研究应积极开展。

（6）石墨烯具有很好的柔性，石墨烯基电极材料有望应用于柔性器件及可穿戴电子设备中。本书对这方面的性能未做深入研究，这会是石墨烯在能源领域应用的一个重要方向。